做包装

蓝宇 郭琳 ——→ 编著

  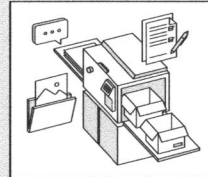

策略定位 + 视觉设计 + 印刷制作

电子工业出版社
Publishing House of Electronics Industry
北京·BEIJING

未经许可，不得以任何方式复制或抄袭本书之部分或全部内容。
版权所有，侵权必究。

图书在版编目（CIP）数据

做包装：策略定位+视觉设计+印刷制作 / 蓝宇, 郭琳编著. -- 北京：电子工业出版社, 2024.6（2025.8重印）
ISBN 978-7-121-47919-9

Ⅰ.①做… Ⅱ.①蓝… ②郭… Ⅲ.①包装设计 Ⅳ.①TB482

中国国家版本馆CIP数据核字(2024)第102086号

责任编辑：高　鹏
印　　刷：北京捷迅佳彩印刷有限公司
装　　订：北京捷迅佳彩印刷有限公司
出版发行：电子工业出版社
　　　　　北京市海淀区万寿路173信箱　　邮编：100036
开　　本：787×1092　1/16　印张：14.25　字数：364.8千字
版　　次：2024年6月第1版
印　　次：2025年8月第2次印刷
定　　价：108.00元

凡所购买电子工业出版社图书有缺损问题，请向购买书店调换。若书店售缺，请与本社发行部联系，联系及邮购电话：(010) 88254888，88258888。
质量投诉请发邮件至zlts@phei.com.cn，盗版侵权举报请发邮件至dbqq@phei.com.cn。
本书咨询联系方式：(010) 88254161~88254167转1897。

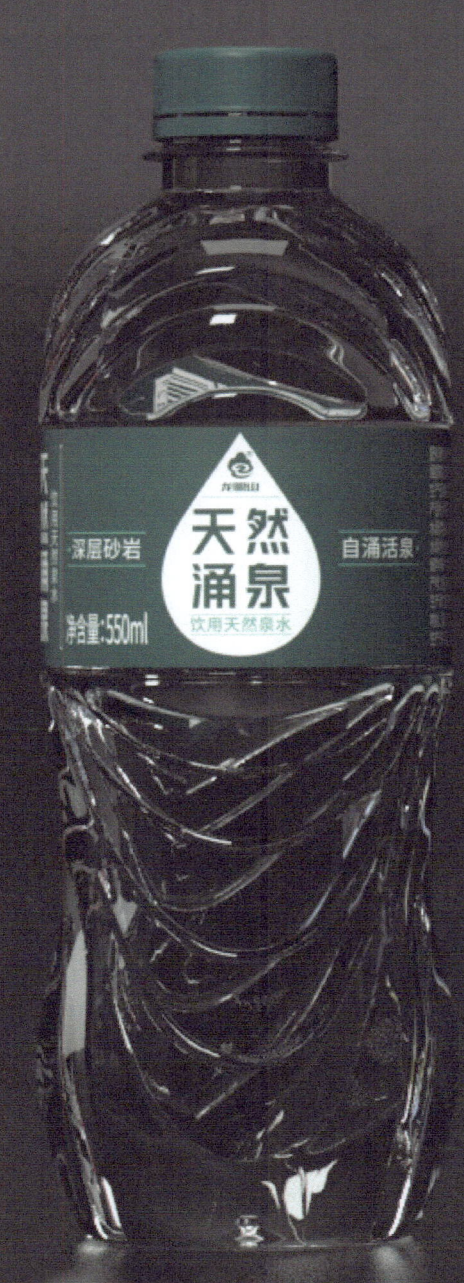

前言
PREFACE

　　我们是站在巨人肩膀上的一代设计师，学习技能和获取知识的途径是设计界前辈们所无法想象的。在硬件和软件都具备优势的条件下，我们应该让包装设计这门学科更加成熟。一个行业走向成熟的必要条件，除了软硬件的性能提升，还包括科学思维模式的运用。毕竟在短时间之内，设计还是要以人为本的，人来做，给人看。

　　抛开人工智能不谈，常规意义上的包装设计想要达到工厂流水线的效率，几乎是不可能的，解决包装问题的方法论也没有万能公式。这就让包装设计本身没有绝对的对错，解决问题也没有唯一的方法。因此，不少从业者坚持创意至上的观点，在设计作品中只追求设计感，追求与众不同，却忽略了为客户解决问题。

　　编写此书主要有两个目的：一是分享笔者从业以来总结的设计技巧，让准备进入包装设计领域的设计师朋友能够获得系统训练方法；二是阐述笔者对包装设计策略和思维方式的观点。希望各位设计师朋友在获得设计技能的同时，也能具备科学的设计思维、树立正确的职业理念。当然，笔者所阐述的观点不一定正确，但都是笔者的真实想法，业务实操也是据此执行的，对笔者的设计团队的确有效。希望各位设计师朋友能够从中获益，同时能够在评价产品包装时更加理性。

在编写本书时，笔者非常依赖家人的理解和陪伴，更依赖身边亦师亦友的伙伴们。没有各位伙伴的帮助，笔者很难想象能有机会写一本书，把自己的观点分享出来。在此还要特别感谢佘战文老师，有了佘老师的悉心指导，笔者才能让想法变成书籍，才能完成一本书的写作。

用笔者常说的一句话作为前言的结尾：愿中国的设计越来越好，愿设计行业越来越好！

目录 CONTENTS

01 包装设计概述

- 1.1 包装设计的目的 …… 002
  - 1.1.1 包覆货物 …… 003
  - 1.1.2 方便计量 …… 003
  - 1.1.3 帮助销售 …… 004
- 1.2 包装设计的流程 …… 005
  - 1.2.1 客户深度访谈 …… 005
  - 1.2.2 收集信息，验证访谈内容 …… 006
  - 1.2.3 信息筛选 …… 007
  - 1.2.4 制定设计策略 …… 007
  - 1.2.5 执行设计方案 …… 008
  - 1.2.6 交付文件 …… 009
  - 1.2.7 总结 …… 009
- 1.3 包装的完整信息 …… 010
  - 1.3.1 商标 …… 010
  - 1.3.2 品名 …… 012
  - 1.3.3 品类 …… 012
  - 1.3.4 净含量 …… 013
  - 1.3.5 文字信息及条形码 …… 013
  - 1.3.6 产品卖点 …… 014
  - 1.3.7 信任状 …… 015
- 1.4 包装设计的衡量和评价 …… 016
  - 1.4.1 包装设计是一个理性的、有标准的、可以量化的营销动作 …… 017
  - 1.4.2 包装设计是一个动态的概念 …… 018
  - 1.4.3 包装设计要有明确的商业目标 …… 020

02 设计策略制定

- 2.1 跟客户聊什么 …… 024
  - 2.1.1 产品定位 …… 025
  - 2.1.2 销售渠道 …… 027
  - 2.1.3 促销策略 …… 029
  - 2.1.4 竞争优势 …… 029
- 2.2 跟客户怎么聊 …… 030
  - 2.2.1 访谈 …… 030
  - 2.2.2 书面沟通 …… 031
- 2.3 提炼卖点的步骤 …… 033
  - 2.3.1 整理好全部能够成为竞争优势的卖点 …… 034
  - 2.3.2 按照权重进行排序 …… 035
  - 2.3.3 会同客户确定核心卖点 …… 036
  - 2.3.4 依据渠道和销售策略，确定产品的包装形式 …… 037

03 快速上手的包装设计技能

3.1 色彩搭配实用技巧   040
    3.1.1 色轮   040
    3.1.2 黑白配   041
    3.1.3 单一色相   041
    3.1.4 直线配色   042
    3.1.5 三角形配色   043
    3.1.6 方形配色   043

3.2 版式设计实用方法   044
    3.2.1 对齐   044
    3.2.2 对称轴   047
    3.2.3 分隔   050
    3.2.4 表格   051
    3.2.5 包围   052
    3.2.6 随机式   054

3.3 字体设计实用方法   055
    3.3.1 手写   055
    3.3.2 套索工具   058
    3.3.3 圆体字/泡泡字   059
    3.3.4 改造   061

3.4 手绘画面   064
    3.4.1 素描画风   064
    3.4.2 插画风格   068
    3.4.3 版画风格   074
    3.4.4 AI 插画   082
    3.4.5 写实画风   087

3.5 实物摄影   091
    3.5.1 场景摄影   091
    3.5.2 产品特写   096
    3.5.3 产品陈列   097
    3.5.4 人像摄影   099

3.6 包装材料分类及常见工艺   100
    3.6.1 纸质包装   100
    3.6.2 塑料制品   105
    3.6.3 透明材质   107
    3.6.4 金属材质   110
    3.6.5 其他材料   110

3.7 产品包装结构   111
    3.7.1 盒状结构   111
    3.7.2 瓶状结构   115
    3.7.3 罐状结构   118
    3.7.4 袋状结构   120
    3.7.5 异形结构   121

04 全面提升包装设计能力

4.1 四个靶标，化繁为简，使包装有的放矢   124
    4.1.1 产品靶标   124
    4.1.2 心智靶标   126
    4.1.3 情绪靶标   130
    4.1.4 场景靶标   135

4.2 三个原则，聚焦卖点，让策略直入人心 139
 4.2.1 卖点说得要快，避免逻辑游戏 139
 4.2.2 卖点说得要准，针对明确的目标客户 140
 4.2.3 卖点说得要狠，戳中痛点，方可放大竞争优势 140

4.3 三种途径，对号入座，把构思变成画面 141
 4.3.1 文字阐述 142
 4.3.2 绘制画面 142
 4.3.3 真实拍摄 143

4.4 十二个模块，把包装做出来 144
 4.4.1 纯文排版 144
 4.4.2 画面覆盖 151
 4.4.3 色块分割 154
 4.4.4 独立主体 156
 4.4.5 包围 158
 4.4.6 图文结合 159
 4.4.7 Logo 160
 4.4.8 徽章 162
 4.4.9 局部放大 165
 4.4.10 底纹 166
 4.4.11 镂空 167
 4.4.12 形神合一 170

4.5 如何给客户提案 172
 4.5.1 提案文件规范化 172
 4.5.2 预留设计方案的"小心机" 174
 4.5.3 线上/线下提案的注意要点 174

05 文件交付

5.1 文件交付前的注意事项 178
 5.1.1 净含量 178
 5.1.2 生产日期 178
 5.1.3 储存条件 179
 5.1.4 营养成分表 179
 5.1.5 配料表、厂家信息 179
 5.1.6 绿色/有机/保健品标识及OTC标识的相关规定 180
 5.1.7 印刷文件的校对 180

5.2 设计文件的检查流程 180
 5.2.1 检查画面是否存在瑕疵 181
 5.2.2 检查需要印刷的文字的色值是不是单色黑 181
 5.2.3 检查字号大小是否符合规范 181
 5.2.4 检查条形码、二维码等是否能正确扫描 182
 5.2.5 两人及两人以上交叉检查 182
 5.2.6 打印小样，做实物检查 182
 5.2.7 会同甲方一起检查信息的准确性及合法性 183

5.3 整理交稿文件 183
 5.3.1 文件命名规范 184
 5.3.2 文件内容 184
 5.3.3 存储最终文件并备份 185

附录A 常见包装的刀版图整理 186
附录B 常见通用包装的尺寸 218

读者服务

读者在阅读本书的过程中如果遇到问题，可以关注"有艺"公众号，通过公众号与我们取得联系。此外，通过关注"有艺"公众号，您还可以获取更多的新书资讯、书单推荐、优惠活动等相关信息。

扫一扫关注"有艺"

扫码看视频

资源下载方法：关注"有艺"公众号，在"有艺学堂"的"资源下载"中获取下载链接。如果遇到无法下载的情况，可以通过以下三种方式与我们取得联系：

1. 关注"有艺"公众号，通过"读者反馈"功能提交相关信息；
2. 请发邮件至 art@phei.com.cn，邮件标题命名方式：资源下载＋书名；
3. 读者服务热线：（010）88254161~88254167 转 1897。

投稿、团购合作：请发邮件至 art@phei.com.cn。

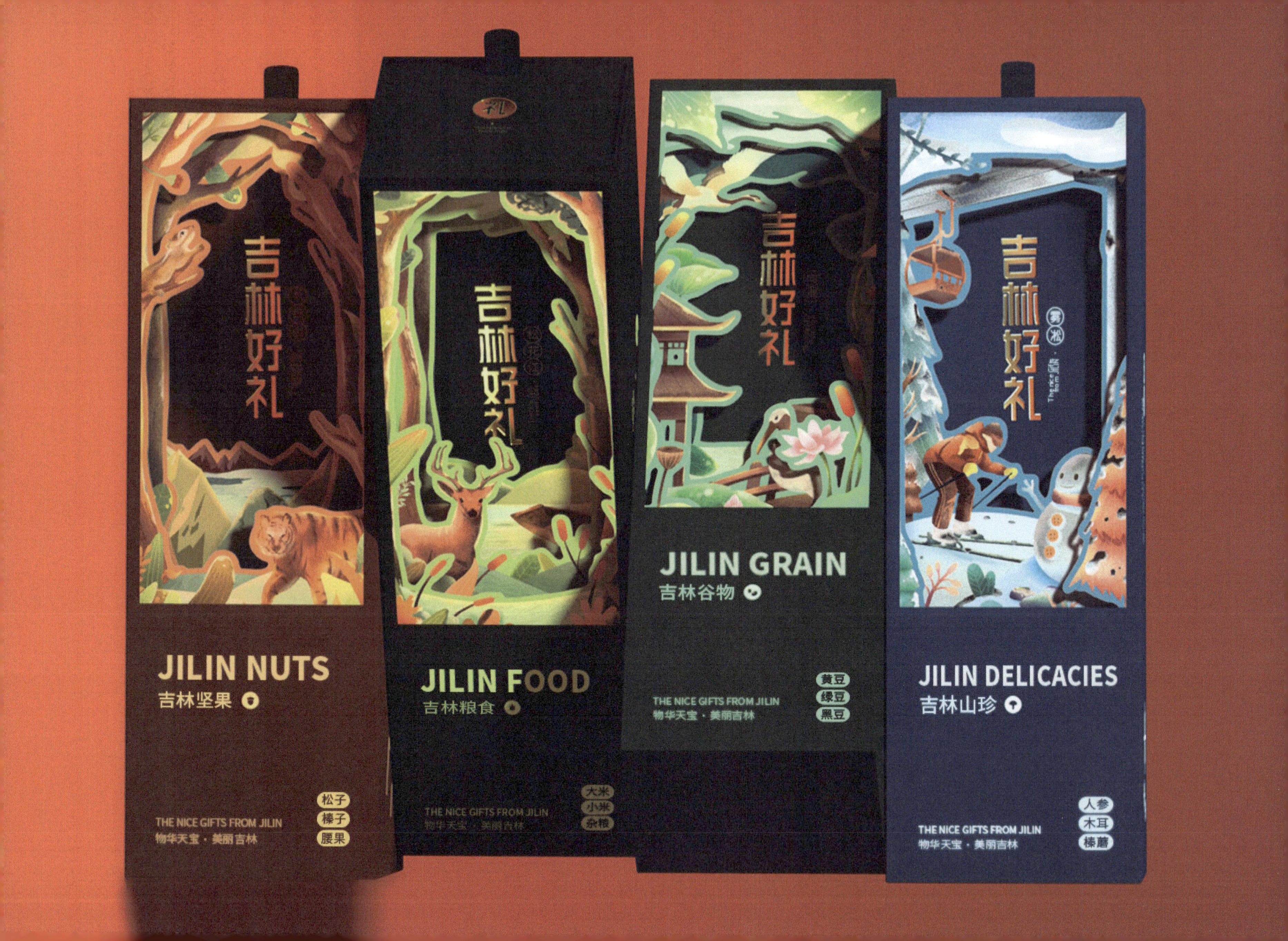
吉林好礼
JILIN NUTS
吉林坚果
THE NICE GIFTS FROM JILIN
物华天宝·美丽吉林
松子
榛子
腰果
吉林好礼
JILIN FOOD
吉林粮食
THE NICE GIFTS FROM JILIN
物华天宝·美丽吉林
大米
小米
杂粮
吉林好礼
JILIN GRAIN
吉林谷物
THE NICE GIFTS FROM JILIN
物华天宝·美丽吉林
黄豆
绿豆
黑豆
吉林好礼
JILIN DELICACIES
吉林山珍
THE NICE GIFTS FROM JILIN
物华天宝·美丽吉林
人参
木耳
榛蘑

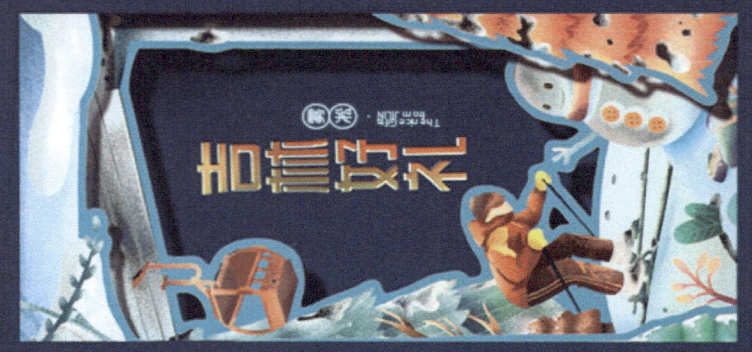

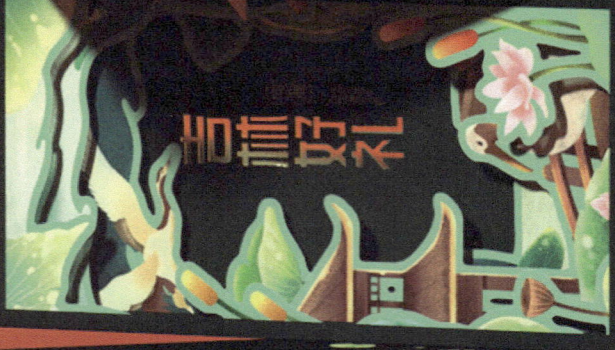

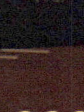

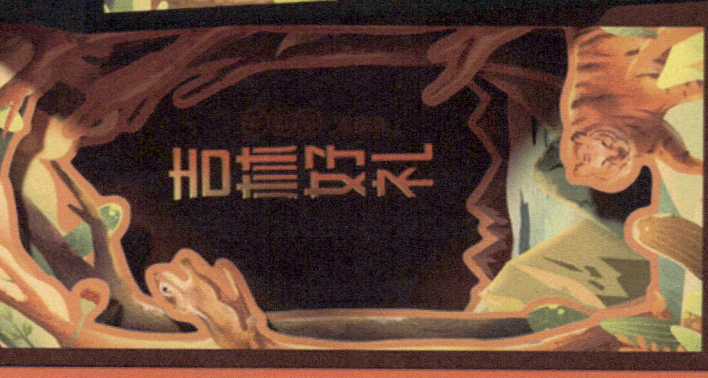

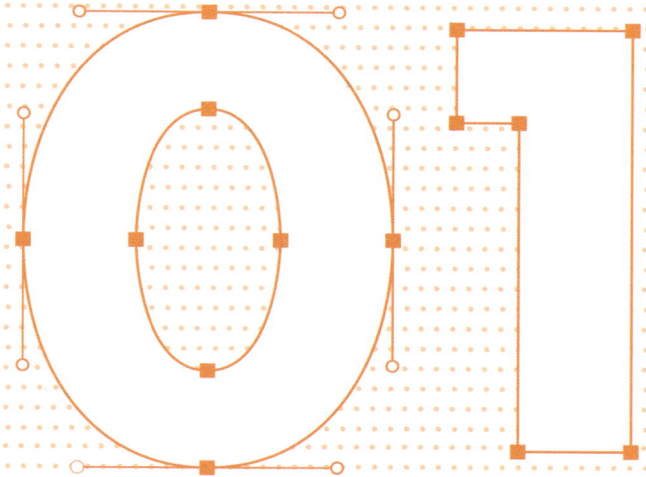

包装设计概述

概念性内容的重要性在包装设计的实操中经常被忽略。设计师可能将更多的注意力放在了软件操作、手绘能力或者收集各种包装素材上。其实在实操过程中,往往作品不被看好和定稿需要颇费周折的情况并不是因为设计手法有问题,而是做包装设计的一些前提条件没有准备好,以至于在实操阶段逐渐形成"走一步,看一步"的职业习惯。对于这种"随机应变"的能力,笔者不能说其是错误的工作方法,只能说不赞成。所以在本书的开始,笔者先从概念入手,逐渐深入包装设计的具体操作。

- 包装设计的目的
- 包装设计的流程
- 包装的完整信息
- 包装设计的衡量和评价

1.1 包装设计的目的

不卖关子，包装设计的目的就是给产品"穿衣服"。

我们需要解决的问题是如何给产品搭配服装的色彩、图案和细节。做了多年的产品包装设计，如果让笔者用一句话来表达对包装设计的理解，那一定是："包装设计要探求的是认知而非真理。"本书的全部内容，都是基于这个观点而展开的思维体系，笔者不敢说这个观点一定正确，但经过实践检验，这个观点确实好用。

包装设计工作本身是一种商业行为，而非艺术行为。二者本质上的不同在于传递自身价值的时间不同。商业行为要求在尽可能短的时间内将自身价值传递给目标客户，并根据市场的反馈实时进行调整；而艺术行为传递自身价值更像是那句老话——"酒香不怕巷子深"，被动地让别人来挖掘和发现自身价值。可惜如今的市场没有那么多时间和空间留给深巷里的好酒。

探求真理适合科研人员去做，艺术行为适合艺术家来表达，我们作为包装设计师，应该做的是从目标客户的认知寻找切入点，让产品的价值得到高效率的传播。

显然上面的概括性的语言描述无法直接指导包装设计的具体工作，但如果你已经认同了做包装设计并不是艺术行为，包装设计师也不是艺术家，那么我们基本已经同频，可以从包覆货物、方便计量和帮助销售三个方面阐述怎么让包装设计有一个良好的开端，如图1-1所示。

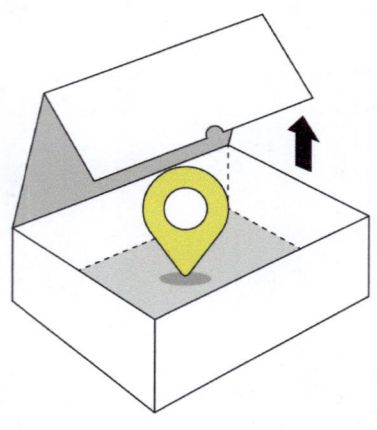

图1-1

1.1.1
包覆货物

我们在开展包装设计工作的时候,首先要与客户沟通的是这个产品用什么方式包装。这里面包括了包装的材料、结构、大体尺寸等。能包覆货物,让货物方便储存、运输和陈列是包装的基础功能。

回忆一下逛超市的场景,是不是某一个品类的产品的包装形式都有趋同的态势?以常见的饮用水为例,饮用水都以采用塑料瓶的包装形式为主,且无色透明瓶所占的比例更大,形状各异。通常你一眼就能认出这是饮用水,而不是其他饮料。从成本的角度来看,如果用塑封袋来装饮用水,可以节约很多包装成本和运输成本,为什么水厂不这样做?从功能属性的角度来看,易拉罐的密封性更好,也不会让水受到阳光的照射,可以有效减轻外界环境对水产生的污染,让水的保质期变得更长,水厂为什么不这样做?

各种包装形式都有利弊,趋同却不是由成本和功能属性两个因素决定的,笔者认为根源在于目标客户的认知。也许你用塑封袋包装饮用水也能做出没有廉价感的视觉感受,也有办法让易拉罐的包装成本降到跟塑料瓶持平,但水厂不会这样做,原因是目标客户会觉得这样做就不像饮用水了。

产品在货架上的"敌人"有很多,在包覆货物的基础功能上,设计师就不要为了让包装有创意而挑战大家的认知了。只要包装的形式、材质符合产品的物理特征,落地成本符合产品的终端售价,同时符合目标客户对该品类的认知,那么这个包装形式就可以确定下来了。

1.1.2
方便计量

货物的计量贯穿于从生产环节到产品最终被消费掉产品生命周期的始终。这个过程涵盖了产品的罐装(或分拣)、产品出库、产品运输、产品入库、产品上架、产品被购买、产品被消费。在所有的环节当中,都需要参与者对产品的计量单位有直观感受,甚至掌握精准的数据。

产品在被销售之前不方便计量就会导致出库、入库的效率降低,也有可能产生不明原因的损耗。我们不能要求产品在流通环节的每一步都通过重新称重或拆解重组的方式确定数量。在货物交接过程中,确定运来了 10 箱牛奶绝对要比先称重然后确定送来了 30 千克牛奶更快捷。

产品在销售中和被消费过程中不方便计量会降低消费者的消费体验。笔者在得胃病的时候服用的一种药物，需要每次饮用 15 毫升，如果不是刚好一瓶就是一个疗程的药量，不是用瓶盖就可以直接量出 15 毫升，那么笔者的用药体验会变得非常糟糕。

几年前在我们服务一个生产饮用水的客户的时候，对方坚持要将净含量设定为 537 毫升，理由是这个数字不能让消费者瞬间意识到每 500 毫升水的价格。尽管这种做法无伤大雅，也不违反相关的规定，但笔者觉得这是一个多余的动作，买卖双方都并未从这一动作中获利。

从这几方面的表述中可以看出，方便计量仍然是为了让产品在各个环节中更具合理性。合理性需要凌驾于创意之上。在确定内容物的具体含量的过程中，要认真听取客户做出决定的原因，分析市面上标准净含量形成的原因，而不要为了追求创意让产品的计量变得混乱。

1.1.3
帮助销售

前两个包装的目的，用通俗的话来讲可以是怎么装、装多少。笔者愿意将这两个目的归为物理性质的目的。而产品在市场上需要发生化学反应才能获得更强的生存能力。

在当下的市场环境中，产品的包装如果不产生帮助销售的作用，在笔者看来就是对资源的最大浪费。因为没有哪一个品牌的产品在所有销售场景中都配备了促销人员和物料，在抛开营销动作这个影响因素之外，产品的竞争还是要回到货架上。货架又恰好距离消费者最近，所以对刚起步的小品牌来说，包装设计本身比广告的投放要更重要一些。

帮助销售是包装设计的核心目的。如何让包装帮助销售是包装设计师耗费精力最大的工作内容。当然，你所提出的方案只有遵循人们的普遍认知，才能更好地发挥作用。

小结

对于包装设计的目的，每个人会有不同的观点。在同行业交流和面试员工的过程中，统计出来的出现最高频的包装设计的目的，是令笔者震惊的，即"包装设计要达到甲方的要求"。以笔者个人的身份来评分，"包装设计的目的就是给产品'穿衣服'"的得分更高。

包装设计要达到甲方的要求正确但片面，一个成熟的设计师的闪光点在于帮助客户解决问题，而不是先谈风格，再谈喜好，在找到素材之后，依靠灵活的话术来满足客户的要求。恕笔者对这种工作方法不赞同。

1.2
包装设计的流程

考虑到读者会有一大部分已经是设计从业者，在阅读本书的时候已经在设计岗位上工作，笔者将包装设计的流程放到靠前的位置，给设计开一个好头，如图1-2所示。

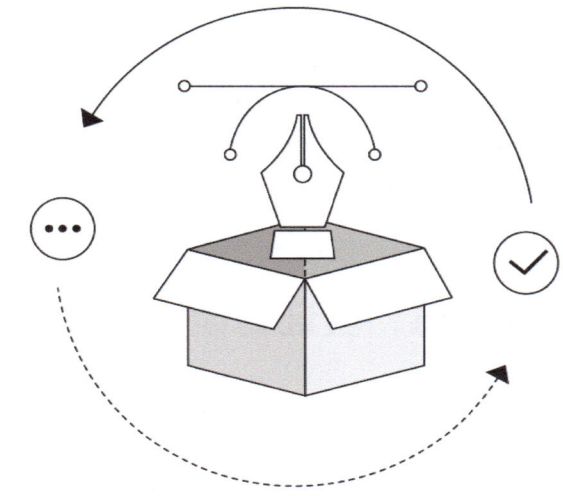

图1-2

1.2.1
客户深度访谈

访谈是为了了解客户的诉求和产品基本情况，在这个环节，双方已经进入了正式的工作流程，不要把营销自己作为这个环节的内容。已经进入了工作流程意味着双方的合作意向已经谈妥，对方只有认同你的能力，才会办理相关的手续，这个时候倾听的重要程度大于表达。在访谈刚开始就依照经验给客户提出大胆的建议是不负责任的，毕竟最终方案需要落地，别让不切实际的想法给自己的后续工作埋下隐患。

哪怕是创业初期的新手，也要对自己的产品有充分的了解。这种认知水平不是你做过几十款某品类的包装就能达到的，访谈的深度主要来源于每一个客户对产品与众不同的看法。我们的发言要引导客户讲出我们想要的信息，客户的观点输出不论我们认同与否，这个时候不要反驳，留到后续沟通时有理有据地交涉。

访谈中必须落实的信息如图1-3所示。

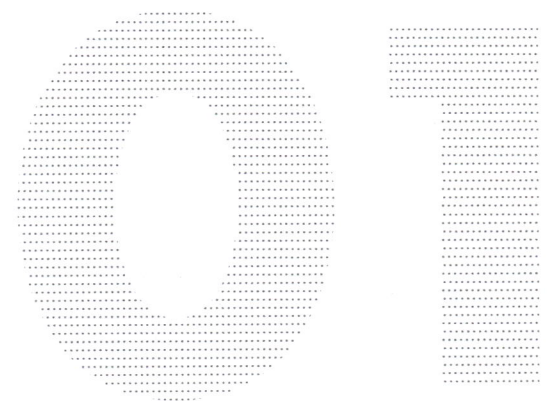

图1-3

上述信息是访谈中必须认真探讨的问题，包装长成什么样，在很大程度上是由对这几个问题的研究推导形成的结果。在客户回答问题时，我们要引导他站在中立的角度来阐述，沟通效率低和无效沟通的阻碍常来源于对问题的探讨停留在感性层面。笔者在创业初期会耐心地听客户讲述他的心路历程和对所在行业的一腔热血，后来发现这样不仅浪费时间，还会因为这些内容对包装设计没有太大指导性而干扰了对产品卖点的判断。规划出几个关键问题，就是为了将访谈的重心落在理性分析产品的现状上，进而得到哪一个竞争优势更适合作为产品的核心卖点。

在获得的回答都是有理有据的且能够验证其真实性的情况下，这个答案才是客观中立的。另外，访谈的内容和访谈的方法非常重要，本书第二章会有更具体的说明。

1.2.2
收集信息，验证访谈内容

收集信息和验证访谈内容的工作，设计师应在访谈阶段就开始。在业务实操中，新手设计师会因为两个失误导致设计方案不能被客户看好，或者在实战中没有发挥预期的作用。

第一是收集信息过度依赖大脑记忆。在设计过程中，我们与客户沟通的次数很多，庞杂的信息中夹杂着一些噪声信息和重复信息。理性梳理产品的商业逻辑仅通过大脑记忆信息显然是不可靠的，前面我们说过，要引导客户站在中立角度理性分析产品现状，其实就是为了避免噪声信息。重复信息也会扰乱设计师的判断，这是因为你在访谈的过程中，利用了不同的事物进行说明，甚至因为在不同时间节点的心态不同，对待同质化问题客户可能会给出截然相反的答案。比如，客户说顺丰速运的Logo很高级。这可能是因为在访谈过程中你提到了快递行业，对方的第一反应就想到了顺丰速运，觉得很不错。在后续沟通中，你很严肃地询问客户什么样的Logo才是高级的Logo，客户经过思考可能会说索尼的Logo很高级，因为够简洁。

类似这样的情况在探讨销售渠道、定价策略和竞争优势等关键信息中还是会出现，如果不做记录，大脑就会默认最后一次获得的信息是准确的。设计方案与预期出现偏差通常就是因为信息收集的方式有问题。

收集信息并不是听完了就是收集了，不管是采用纸笔记录、手机记事本的方式，还是录音的方式，记录下来了才是收集信息。

第二是过度"信任"访谈获得的信息。设计师不要养成"客户就是这样说的"这种心态，我们有责任与客户一起发现问题和解决问题。当客户给出的回答明显不切实际或者与自己的认知相悖的时候，我们需要通过验证访谈内容来鉴别信息的真伪。验证访谈内容的目的除了是更好地提炼核心卖点，更重要的是提醒我们不要因为这些错误信息而违反广告法或其他的相关规定。合理、合法是做产品包装的底线。

1.2.3
信息筛选

在客户深度访谈和验证访谈内容过程中已经排除了无用信息，信息筛选就是在可用的信息中进行选择，客户的惯性思维是要将对自己有利的信息尽量都表现出来。产品包装的面积有限，过多地堆叠信息会导致消费者视觉上的拥挤，同时也会让消费者弄不清核心信息与辅助信息的主次关系。我们应该在这个时候跟客户沟通信息要如何筛选，最终决定要将哪些信息作为核心信息，要将哪些信息作为辅助信息，以及哪些信息可以舍弃。

在信息筛选这一环节，设计团队不是要决策事情，而是要会同客户共同探讨筛选信息的逻辑，避免出现提案时单方面陈述的观点与客户的思路相悖。心细的读者可能在目录中就已经发现，笔者并未在包装设计的流程中加入"设计提案"这一项，这是因为提案不是一个独立的环节，而是包含在了各个工作流程当中。最终的 PPT 展示和讲解只是其中的一个形式，设计提案从信息筛选的时候就已经开始了。

信息筛选的逻辑是复杂的，仅针对这一个问题就有很多书专门展开来讲。如果新手设计师卡在信息筛选这个环节上，需要先读透五本书才能继续，未免太打消积极性，笔者建议用复杂问题简单化来解决问题。

在可以使用的信息中，和竞品相比较，哪些信息有优势，就用哪些；如果可以使用的信息都有优势，哪些信息理解成本低，更易传播，就用哪些。这一基本逻辑既可以用于筛选核心信息，也可以用于筛选辅助信息。用这种简单、直观的逻辑会同客户共同筛选出来的信息，能让后续的工作更加顺畅。

本书的"2.3 提炼卖点的步骤"和"4.1 四个靶标，化繁为简，使包装有的放矢"可以帮助你提炼核心信息。

1.2.4
制定设计策略

设计策略就是产品包装要向外传递什么信息、怎么传递信息，是产品包装的骨架。既然说设计策略是骨架，那么探讨包装要用什么风格、采用什么色系、落地时用到哪些特殊工艺这样的内容，并不算是制定设计策略。至少这是不完整的制定设计策略。包装设计是要用感性的方式表达理性内容，相比之下，理性内容的重要程度要更高。为了让设计策略更完整，设计师要将设计策略的重心放在理性内容上。

设计策略的理性内容是包装要向外传递什么信息。包装要向外传递的信息可以是产品卖点，也可以是某一个 IP，还可以是营造的一个氛围（如价值感、神秘感、愉悦感）。这种信息需要准确传递，不能是个人化的想法或目标。具有显著竞争优势的产品，不论是用广告语的形式还是用画面形式表达，都能准确传递这种信息；联名的产品要体现的 IP 也是既定的内容，传递也不会有偏差；礼盒类产品要体现的价值感或神秘感都能通过设计手段呈现出来。你说包装要表达的就是让人一看就想买、一看就想拍照分享出去，这是你的想法，不是设计策略。

设计策略的感性内容是包装要传播的信息用什么形式传递出去。原则上来讲，在理性内容确定了之后，你可以用任何风格、色系来做视觉呈现。我们根据自身的审美和对市场的预判，选择一个适合的方案，形成设计稿。

设计策略的感性内容是个人化的，很难用标准化的形式规范。在实践中，大多数情况是擅长摄影的设计师更多地采用了实物拍摄，擅长手绘的设计师多用手绘，喜欢设计字体的设计师多用设计字体。不管你擅长哪一项，只要将设计策略制定好，设计方案的过稿率就会大大提高。

1.2.5
执行设计方案

执行设计方案不只是在既定的设计策略之下将图案绘制出来。在设计的过程中，需要根据包装的材质、结构和销售场景来规划是否添加特殊工艺。笔者在刚入行的时候犯过的错误是，在设计稿完成以后，让印刷厂来推荐特殊工艺，最终效果不理想：要么出现需要改动设计文件的情况，要么在美观方面不能达标。我们作为设计师，有必要从整体上把控设计方案，并对细节做出合理的规划。

执行设计方案的过程如图1-4所示。

- 在团队中准确传达设计策略
- 讨论方案的大致风格，以及是否添加特殊工艺
- 手绘草稿
- 筛选草稿
- 优化草稿的形态（包装的整体布局和细节规划要在草稿上标注）
- 电脑制图（摄影、手绘、设计字体、排版）
- 效果图或示意图
- 编辑提案文件

图1-4

在实操中，不同的特殊工艺对画面的点、线、面都有尺寸要求。在执行阶段，如果已经规划好了要用某种特殊工艺，画面的绘制和字体的设计都要满足这种特殊工艺的要求，避免在交稿之后反复修改画面或文字的细节。

1.2.6
交付文件

在流程上，笔者建议交付文件要在客户支付尾款之后。在实际工作中，这条原则是雷打不动的硬性规定，没有商谈的余地。知识产权的维权过程漫长且成本很高，强烈推荐设计师采纳这一工作原则。

文件交付通常不会只有一次，在交付之后新发现的瑕疵或者文字信息有更改，或者在落地阶段出现的问题，都需要我们来跟进。对于在落地阶段发生的修改，也推荐设计师在修改之后重新将设计文件发送给客户，尽量不要让印刷厂随意改动设计文件。

1.2.7
总结

在很长的一段职业生涯中，笔者坚定地认为交付文件之后设计项目就结束了。

这种想法显然是错误的。每一个设计项目的总结工作都会对接下来的工作产生巨大影响，项目总结的目的是在后续工作中能够扬长避短。有人曾说过，你所遇到的 99% 的问题都已经被别人解决了。我们要通过项目总结让这些容易解决的问题再次产生的概率降低，在提高效率的同时将更多精力倾注于另外 1% 的问题上面。

在卖点提炼上出现分歧，说明在客户深度访谈和信息筛选过程中沟通有误，需要加强记录能力和沟通的准确性。

在设计风格上出现分歧，说明双方沟通不充分，你理解的风格与客户理解的风格可能不是同一个东西，下次沟通时就要图文结合着让双方达到同频。

设计方案本来是二选一，客户想要都拿走去用，说明合同的约定不明确，要修改合同。

总之，你所遇到的一切阻碍，都是工作中积累的财富。当你善于总结、勤于调整工作方法时，这些问题都会迎刃而解，甚至很少出现。

1.3
包装的完整信息

做产品的包装设计，要了解包装上应该有什么内容，以及每项内容有什么功能。总体来说，商标、品名、净含量、文字信息及条形码是为了让产品符合规定并在市场上流通，品类、产品卖点、信任状是为了提高产品的竞争力而做的营销动作，如图1-5所示。

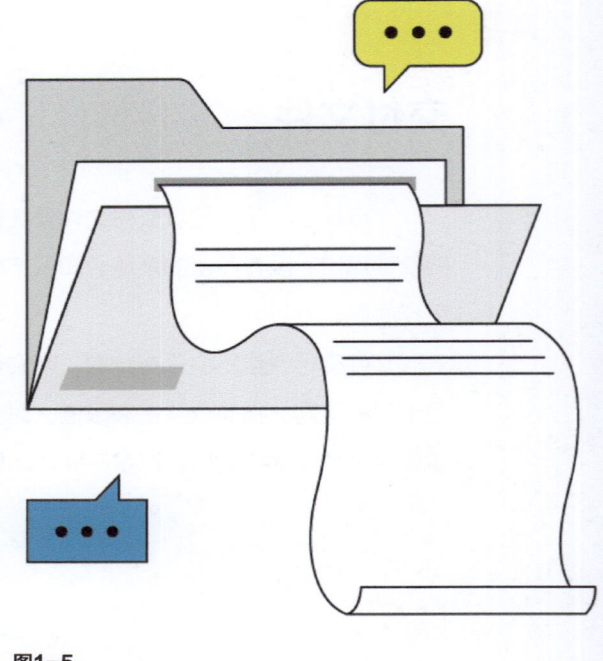

图1-5

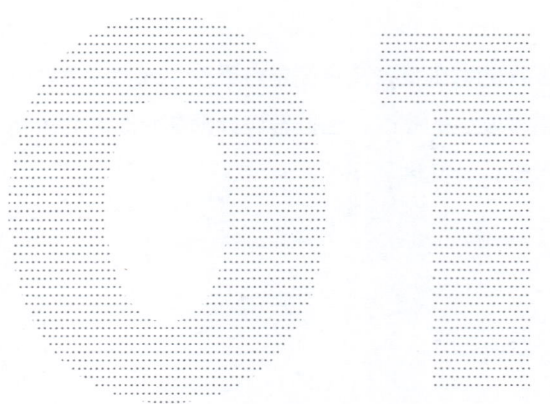

1.3.1
商标

我们通常理解的商标就是一个企业或者产品的Logo。商标分为"®"标注的商标和"TM"标注的商标，两者的特征含义和保护范围有所不同。我们暂时可以简单地理解为："®"标注的商标是已经持有注册商标权的商标，如图1-6所示；"TM"标注的商标是处在商标局审核阶段的商标，如图1-7所示。

图1-6

图1-7

商标的作用主要有两个：一是排他性，即保护自己的合法权益不受其他竞争对手侵犯；二是不与其他人的利益发生冲突，即不侵犯别人的合法权益。产品包装上可能出现一个商标，也可能出现几个商标。尤其是大品牌的产品，对商标权非常重视，常见的畅销大品牌的产品包装上经常会出现多个商标。伴随着注册商标的难度越来越大，在这里我们将法律上界定的商标的概念做一下延伸，除注册商标之外，产品包装还有两种办法来实现商标的两个作用。

1. 版权登记

在各地的版权局、商标代理机构和众多的设计师网站（如站酷网、古田路9号），都可以申请版权登记。虽然版权的法律效力在司法实践上是低于注册商标权的，但是为了保护合法权益，申请版权登记也是可选的途径之一。

版权登记分为电子证书和纸质证书。尽管电子证书的法律效力与纸质证书相同，但由于其在司法实践中的作用不同，笔者还是推荐各位设计师选择纸质证书。

版权登记适用于产品包装上的产品品名、广告语、绘制画面、几何图形、实拍摄影作品。

2. 产品外观专利

产品外观专利的申请入口是国家知识产权局，通常各个商标代理机构也可以帮助申请。

国家知识产权局规定申请外观专利的产品需要满足几个条件：必须是新设计的产品；需要有明确的形状、图案、色彩；需要适用于实际情况，合规合法。

知识产权的侵权行为无法从根本上完全杜绝，但是我们可以在职业生涯中规范自己的职业理念，不侵犯他人权益，同时可以通过注册商标、版权登记、申请产品外观专利三重保护来维护自身和客户的合法权益。

1.3.2 品名

品名是指"商品品名"的简称，是用于将某种商品区别于其他商品的概念。品名体现了商品的大致属性、用途和某种特征。

可口可乐是我们对可乐这种饮料的称谓，在某种程度上可口可乐也能够代表可乐这一品类，但在法律上，可口可乐的品名是"汽水"。

芬达在罐体上标注的品名是橙味汽水，如图1-8所示。

5100饮用水品名是"饮用天然矿泉水"，如图1-9所示。

雀巢咖啡的品名是"即溶咖啡饮品"，如图1-10所示。

品名在产品包装上是必须出现的，知名度再高的品牌也需要遵守这个规定。

图1-8

图1-9

图1-10

1.3.3 品类

经常有朋友将品类与品名的概念混淆，误以为品类等同于品名。品名特指商家所提供的产品或服务是什么，而品类是一个营销概念，并且这个概念是动态的，一直在不停地分化或者消亡。天图投资的冯卫东老师在其著作《升级定位》中这样给品类定义：**品类就是消费者在购买决策中所涉及的最后一级商品分类，由该分类可以关联到品牌，并且在该分类上可以完成相对应的购买选择。**

在做包装的过程中所探讨的品类是具体品类，提到这个品类，你就能知道具体是什么事物，也就是上面定义中所说的最后一级商品分类。时代背景不同，品类会发生变化，几十年之前的具体品类有很多在现在已经不能代表最后一级商品分类了。

品类的不断变化有两个主要原因：产品供应量的增加和客户需求的不断升级。大约在20世纪90年代，在笔者所生活的区域内，"旅游鞋"等同于运动鞋。除了皮鞋、雨鞋、布鞋，穿着用来运动的鞋统称为旅游鞋。在那个时候，"旅游鞋"是具体品类，"运动鞋"也是具体品类。回到当下，运动鞋又分为了篮球鞋、足球鞋、跑步鞋等。若再考虑不同客户的需求升级，跑步鞋还要分为慢跑鞋和竞技跑鞋，这种分化未来还会随着客户需求的升级继续下去。

在产品包装上体现的产品的品类，一定是具体品类，即使要创新，也要让人能够理解，能够对号入座。以尊重消费者的认知水平为前提的品类创新，有机会让产品在新品类中脱颖而出，希望各位设计师敢于并善于使用品类的力量来让产品包装助推销售。

1.3.4
净含量

净含量的标注在我国要求使用公制单位，即克、千克、毫克、毫升、升等计量单位。标注位置要求在主展示面底部30%面积内的明显处，标注在背面、侧面、底面都是不符合规定的。产品标注的净含量是去除包装容器之后产品的含量，误差不得超过规定的允许范围。

固态产品的净含量通常使用重量单位（如克、千克、毫克）标注，液态产品的净含量通常使用容量单位（如毫升、升）标注，固态液态混合的产品的净含量多用重量单位标注。

1.3.5
文字信息及条形码

产品包装上的文字信息必须包括产品名称、配料表、生产日期、保质期、贮存条件、产品标准、生产方/委托方/生产地址（必须用中文标注名称和地址）、相关资质（如食品需要食品生产许可证编号、药品需要药品批准文号）等。相关规定要求除保健品之外，所有食品的包装都要标注营养成分表，如图1-11所示。

图1-11

商品条形码由13位数字组成，相当于商品的身份证。设计师需要注意的有三点：确保条形码数字的准确性；面积不要过小，影响扫描；在配色上尽量用白底黑条形码。

1.3.6
产品卖点

怎么把产品卖给消费者是大家都在思考的问题，现实中却有很多产品包装上并没有产品卖点，包装本身这么好的广告资源就白白浪费了。包装上是否有产品卖点，是衡量包装信息是否完整的重要标准。

产品卖点从来源上可以分为两种：产品自身的特质和营销人员的策划。

从字面上就很好理解，产品自身的特质是指产品与生俱来的某种特质，能够满足目标客户的需求，从而使其购买。这在竞争不激烈的品类当中比较容易实现，但在饱和品类当中，竞争十分激烈，甚至竞品均为同质化产品，产品只能依靠营销人员的策划来形成自己的独特卖点。比如，农夫山泉从"农夫山泉，有点甜"到"我们不生产水，我们只是大自然的搬运工"，都是通过策划而形成的产品卖点，否则单从水的切入点来看，农夫山泉很难找到一个差异化卖点来获得消费者的认同。

在包装上表达产品卖点，并使其传递的信息足够明确，是包装设计师工作的核心。

1.3.7
信任状

如果说产品卖点可以促使目标客户形成购买欲望，那么信任状起的作用就是锦上添花，进一步促使消费者掏钱购买。从逻辑上来说，产品卖点在告诉你为什么要买这款产品，信任状让你相信产品卖点是真的。所以信任状不单纯是产品包装上的设计要素，还是一个营销环节。产品包装上可以没有信任状，但在实操中遇到如下几种情况时，设计师应将信任状体现在包装设计中。

1. 品牌美誉度高

大品牌本身就是强有力的信任状，知名度越高的品牌在出现问题时所获得的关注和监督就会越多，所以大品牌犯错的成本要远远高于小品牌犯错的成本。我们更愿意相信大品牌会对产品特性的宣传信守承诺，打消做出购买决策时的顾虑。大品牌旗下的新产品，可以在包装上显著地体现品牌信息，形成信任状。

2. 第三方证明

"中华老字号""中国国家田径队指定饮品""奥运会指定供应商""非物质文化遗产"等，这一类都属于第三方证明，在策划界叫作信任背书。需要特别指出的是，信任背书是信任状的一种，而不是全部。

信任状的目的在于让别人说出产品的好，这样使得产品卖点更容易被人信服，毕竟自卖自夸的说服力是有限的。获取政府或其他组织的认证、与知名机构合作或让独立第三方做出评价，其目的都是通过第三方证明的方式来让产品获得消费者的信任。明星代言也属于第三方证明，但由于现在市场环境的影响，明星代言的公信力越来越弱，在实践中没有上述几种方式获得的效果好。

3. 用户体验容易验证

在你表述的产品卖点非常容易被用户验证的情况下，这个产品卖点就可以同时成为产品的信任状。比如，一款鸡蛋的主要卖点是单个鸡蛋的重量大于其他竞品，我们就可以让消费者从外包装直接看到鸡蛋的大小，让其直观地感受到商家所表达的产品卖点是事实。

用户体验不只存在于购买行为之后和购买行为之中，也可以存在于购买行为之前。产品的能见度也能作为产品的信任状，一个具备陈列优势的包装设计，加上大量铺货，让消费者在多个销售场景都能见到产品，这样就能潜移默化地影响消费者，消费者就会认为这是最近很火的产品。渠道也是打造信任状的环节，需要产品具备一定体量的用户才能做到。

1.4
包装设计的衡量和评价

从大多数设计师的职业生涯来看，做包装设计会依次经历几个阶段：

在新手阶段，你还未形成系统的逻辑思维，客户或者领导告诉你怎么做就怎么做；

在积累一定的经验之后，你对自己的设计能力产生了自信，自己想怎么做就怎么做；

在经过实战的鞭打之后，你发现，做包装需要结合相应的商业目标来选择采用什么视觉表达方法。

要想成为成熟的包装设计师，除了锻炼基本功和学习商业逻辑，还要学会客观地衡量和评价产品的包装设计。我们的个人喜好可以作为评判标准之一，但绝不是全部，如图 1-12 所示。

图 1-12

1.4.1
包装设计是一个理性的、有标准的、可以量化的营销动作

包装设计是将理性的内容通过感性的方式表达出来。不管一款产品的包装采用的是什么风格，这个风格你是否喜欢，画面的精细程度和手法与你设计的相比孰高孰低，都不要凌驾于理性内容表达之上。我们评价包装，首先要看的就是这款包装在理性内容表达上是否明确，如图1-13所示。

> 这是什么？

> 这个产品叫什么？

> 我为什么要买？

图1-13

理性内容的表达是有衡量标准的，不是将信息在包装上按照重要程度依次堆叠就大功告成了。衡量标准分为两个方面：一方面，要看接收信息的人群获得的信息是否一致或相近，包装不能准确地传递产品是什么和叫什么，既影响吸引消费者的视线，也影响消费者后续复购的可能性；另一方面，包装的好坏由消费者说了算，设计师和客户所评价的好坏都不算数，消费者如果普遍说包装做得不好，那就是不好，我们要从自身找原因。

对于消费者对包装的评价，我们能通过数据量化出结果，尽管目前地推的市场调研逐渐变少，但是我们还是可以通过调研得知，同样的铺货量，消费者最先注意到的同品类中的产品是哪一款；也可以得知消费者获得的一款产品所传递的信息的统一程度有多高，是否与你要表达的初衷有出入。

所以说包装设计是一个理性的、有标准的、可以量化的营销动作。这是一款产品在整个营销行为中的一个环节。笔者从不相信包装设计做得不够好就一定会毁掉产品，也不相信做好包装设计就一定能救活产品。包装设计只是营销行为中的一个营销动作。

1.4.2
包装设计是一个动态的概念

在广告中我们经常看到某产品包装升级，甚至有些产品规划好了每隔一段时间就要升级一次，形成了相对稳定的包装设计节奏。每次升级都伴随着生产成本和广告投入的变化，这么做的理由是什么呢？这是因为包装设计是一个动态的概念。

1. 消费者的审美变化

人们在不同阶段的审美是在变化的，产品在货架上还需要在不同阶段面对不同的人群。当一个品牌（或者一款热销的产品）没有能力去引领目标人群的审美时，就只能迎合目标人群的审美了。设计师不要试图引领一种潮流，我们当中的绝大多数人并未具备这样的能力和机遇，相比发挥"创造力"，在设计上我们跟随消费者审美的变化会更明智。

还有另一种声音是推崇经典，认为老的就是好的。复古潮流在近几年的店面设计和包装设计上经常出现，我们在微博、公众号中会看到盘点我国 20 世纪七八十年代产品外包装的文章。老包装有很多值得细细品味的设计细节，笔者也经常浏览这样的推送内容，但并非认同"老的就是好的"。比如，几年前流行复古的针织毛衣，消费者会去商场购买，但绝不可能回家翻出父母珍藏多年的老式针织毛衣穿出门。包装设计也是如此，复古是一种风格，在既定风格下设计细节会依据当前的审美情况做出适当的调整。

有的产品的包装几十年没有变化，是因为其具备实力，在消费者的心中已经获得了难以动摇的地位，改动产品包装可能会适得其反。凤毛麟角的几个头部品牌使用一成不变的包装，不足以说明"老的就是好的"，只是恰好包装是老式包装。这也是笔者在与客户交流的过程中，不推荐其产品包装与头部品牌的包装进行对比的原因。

2. 产品定位有重大变化

当产品定位有重大变化时，产品的包装要跟随定位做出相应的改变。产品包装的升级不单纯是要让包装变得更好看，还要依照新的产品定位引发消费群体的改变、销售渠道的改变和促销策略的改变，让包装更科学地发挥作用。产品定位促使产品包装升级的节奏要快于消费者审美改变的节奏，这样设计师会更注重对理性内容的梳理。

产品定位的变化既有向上升级，也有向下兼容。设计师在面对产品定位的变化时，第一反应就是把包装做得更"高端"，这是不对的。我们要搞清楚产品定位的变化究竟是向上升级还是向下兼容，这个问题如果搞反了，就会让效果适得其反。与产品定位匹配的包装，才是加分的包装。

3. 对抗恶意的竞争对手

在上述两个促使产品包装主动改变的原因之外，还有促使产品包装被动改变的因素。

以直播带货的爆款产品为例。在产品成为爆品之后，尽管在短时间内消费者的审美并未出现变化，产品定位也没有改变，但是假冒伪劣产品的出现让产品的运营方不得不变更产品包装。这是除动用法律武器来维护自身权益之外的一个无奈之举，操作的难点在于包装做大幅改变会影响老用户对产品的识别，改变太细微又不足以与假冒伪劣产品形成区别。

在衡量这类产品的包装时，要侧重两条标准：一是新包装会不会影响老用户对产品的识别；二是能否用简短的话语在传播端清楚告知消费者新包装做了哪些改变。

4. 政策变化

政策变化也是包装被动改变的因素之一，当前的政策变化就是，《中华人民共和国广告法》通过将各种极限词设置为禁用词，使得很多产品都要重新构思在包装上和营销端的语言表达。之前，"国家级""唯一""最新""第一"等在产品包装上被频繁使用。从传播的角度来看，这些极限词在逻辑表达上足够准确，传播也不容易产生歧义，配合相应的信任状就能让消费者信服。尽管在传播上极限词是有效的，但是因为违法了，所以用了极限词的包装一定是不合格的包装。

在此延伸出有明星代言人的产品的注意要点：在代言人成为劣迹艺人或公开发表不正当言论之后，产品方应第一时间在营销端和产品包装上做出必要的删减，以减少负面事件带来的经济损失。

合理合法、不与政策相冲突，是衡量和评价产品包装设计的重要因素，同时也是底线。

1.4.3
包装设计要有明确的商业目标

包装设计是一个营销动作，属于商业行为。其与艺术行为的根本区别在于，艺术行为注重自我的表达，包装设计注重实现商业目标，换言之，就是要让产品更好卖。我们要求这些商业目标不仅要让人能读懂，而且不要产生歧义。因为产品之间的个体化差异很大，我们可以通过三个方面考量商业目标的表达是否合格。

1. 传播品牌价值

一个有号召力的品牌，是可以通过自身卖货的。品牌的卖货能力是通过长时间累积的用户群体和持续的营销动作获得的商业价值。产品名气越大，越容易获得更高销量，这是摆在眼前的事实，各个品类中的销量老大通常都是依靠传播品牌价值来卖货的。

这里讲到的品牌价值，不是指品牌方在财务报表上体现的商标估值，而是品牌给予用户的价值。要么是因为足够专业，用户信赖你的产品而选择你；要么是因为品牌能够给用户提供精神层面的满足。比如，购买法拉利跑车的人群，除了对跑车的性能和外观有要求，还非常看重品牌的影响力和其带来的精神愉悦。

靠传播品牌价值就能卖货的产品，当然要显著表现出品牌的身份，在这种情况下，可以适当弱化，甚至不需要广告语、信任状等辅助信息。茅台推出的冰激凌产品，如果按照本书 1.3 节所讲的内容，明显是有信息缺失的，既没有产品卖点，也没有信任状，那么是茅台冰激凌的包装信息不完整吗？不是，茅台这个品牌既是产品卖点，也是信任状。

2. 传播产品卖点

当产品不具备品牌号召力时，传播产品卖点比传播品牌价值在实战中更有效。我们所服务的创业时间不长、营销经验不够丰富的客户们，常有孤注一掷想要传播品牌价值的误区。在访谈中得知这些客户对自身品牌的价值缺乏自信，在研究竞品过程中只专注研究几个头部品牌，头部品牌的策略显然对他们的判断产生了影响。外加由于营销经验的不足，除了传播品牌价值，不知道还可以传播什么内容，最终采用突出 Logo、字号放大的惯性思维来指导包装设计工作。

在产品包装上，最显著的信息应该是对销售有帮助的信息。在包装设计师接触到的设计项目中，绝大多数产品也是需要通过产品卖点来实现销量增长的。策划圈的朋友们常说："有传播胜过无传播。"那么在产品包装设计中，传播卖点要胜于不传播卖点。产品需要传播卖点，给消费者一个购买的理由，让自己在市场竞争中能继续生存下去。包装上可以传播的产品卖点如图 1-14 所示。

从传播的形式划分	图形/画面/词汇/语句色彩
从传播的内容划分	品牌价值/产品特征/用户需求/差异化卖点/情绪共鸣/场景描绘

图1-14

3. 产品售价与价值感相符

当询问甲方对包装有什么具体要求时，很多甲方都会说要"高端、大气、上档次"，这不是段子，而是常见现象。打开设计网站的评论区，也有很多因为包装"高端"而获得的褒奖和包装不够高端带来的批判。

包装设计不是要追求设计感和高级感，而是要让产品的终端售价与价值感相符。注意，这里说的是终端售价，不是产品的标价。某些品类的产品会制定一个很高的官方价格，上市之后至少要以腰斩的折扣来面向消费者，此类产品的包装设计一定要参照最终消费者买到手的价格，虚标定价的策略正在逐步被市场淘汰。

包装给人的价值感过低，既会影响消费者的购买体验，也会影响消费者的消费体验。在购买过程中消费者会因为包装与售价不匹配而放弃购买。在产品使用过程中也是如此，想象一下，朋友请你喝酒，他能确保拿来的飞天茅台是真的，但他用矿泉水瓶装起来，你喝起来是不是会觉得茅台的味道不正宗？

包装做得过于高端，会对销售起到负面作用。不从设计师的角度，而从消费者的角度来看，一瓶1元（甚至低于1元）的纯净水，它的包装给人的感觉是不是就应该是1元的感觉？如果你将这瓶水的包装做成像依云那样高端的包装，谁敢买？谁会买？猎奇心理有可能会使产品受到短暂的关注，却很难促成购买。

包装设计不是要体现设计师的水平有多高超，也不是要体现甲方对策略的把控有多标新立异，而是要通过传播与产品的价值感相匹配的信息，实现助推销售的商业目标。

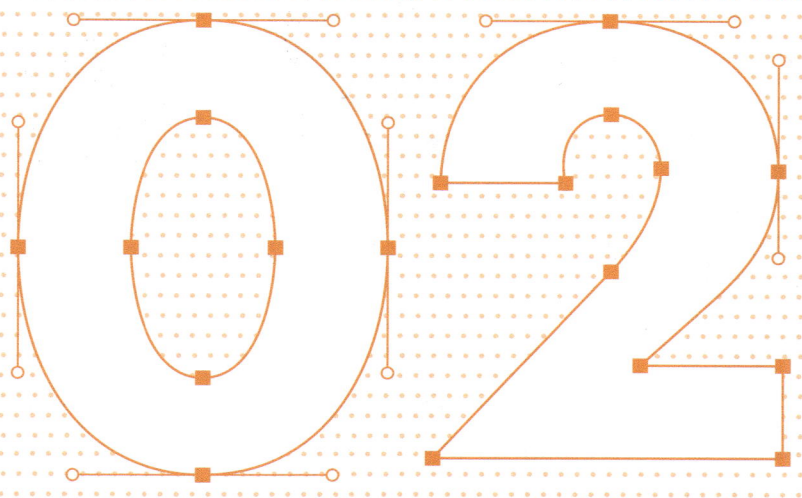

设计策略制定

如果将包装设计的过程拆分,刚入行的设计师大概最不擅长的就是与客户探讨设计策略了,一名设计师的设计水平,通常都是与制定设计策略的能力同步提升的。学习伴随着整个职业生涯,在设计水平过关之后,能够决定设计师上限的主要因素就是制定设计策略的能力。在初期阶段,建议将复杂问题简单化,在设计策略上研究的问题都是围绕着目标客户、产品和销售/消费场景这三个方面的。不论我们跟客户聊什么、怎么聊,都要了解这三个方面的信息。

跟客户聊什么
跟客户怎么聊
提炼卖点的步骤

2.1 跟客户聊什么

在跟客户聊什么的问题上，笔者做了好几年的反面教材。经验的不足导致笔者在与客户聊天时经常跑题，开场白也多半是与工作内容无关的寒暄，在浪费时间的同时也暴露了自己的青涩。跟客户聊天的目的是完成设计项目，不要在耗费精力之后，一个项目都没完成。在与客户聊天时，要围绕产品定位、销售渠道、促销策略和竞争优势展开，如图 2-1 所示。

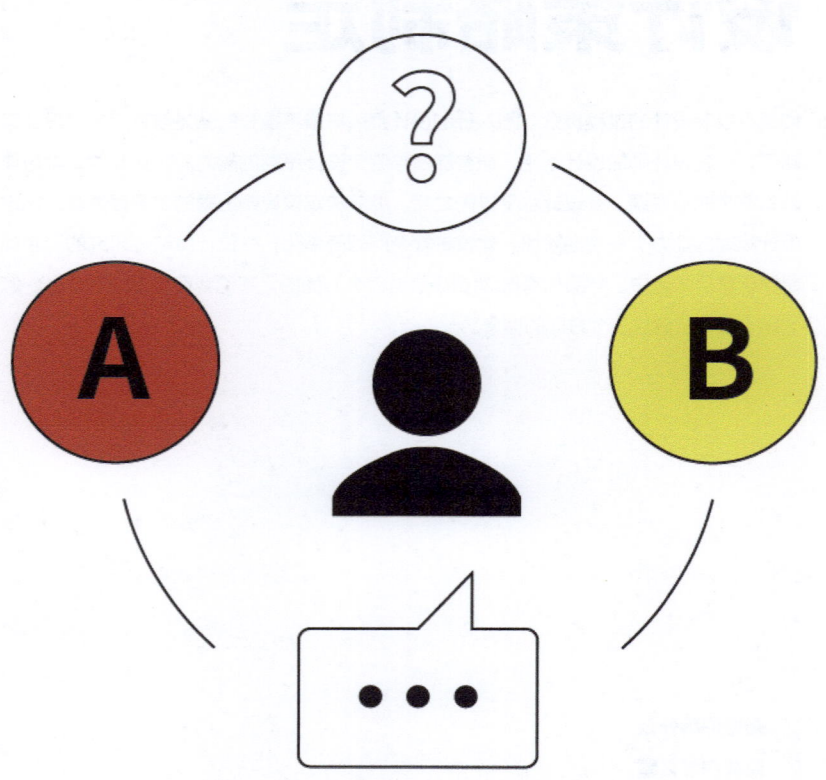

图2-1

2.1.1
产品定位

定位理论于 20 世纪 70 年代在美国诞生，是一个庞大的理论体系，与营销相关的各个行业都绕不开定位这个概念，我国众多商界大佬的成功在一定程度上也与学习定位理论有关。还是本章开头的那句话，学习伴随着整个职业生涯，本书旨在让设计师可以清晰地制定设计策略，下面讲到的是产品定位，并非定位理论，所以有个别观点按照定位理论衡量并不相同或者不够完整，但以下四个要素已经可以让设计师了解到产品定位究竟是什么。

1. 目标客户

目标客户就是你要做谁的生意。这里没有说目标客户就是你要把产品卖给谁，是因为这样讲并不完整，除了你产品的购买者，你想要影响的人同样也是你的目标客户。这句话可能不好理解，笔者举个例子说明。我们在微信朋友圈刷到过很多次梅赛德斯奔驰或江诗丹顿这种层次的产品的推广广告，我们的第一反应是微信广告做得不够精准，显然给我们这种消费能力的人群推送这种广告属于浪费资源。时间长了我们就想明白了，不是推送不精准，而是我们将"目标客户"这个概念理解得太狭隘了。第一种目标客户是产品的潜在购买者，第二种目标客户是产品未来的潜在购买者，第三种目标客户是有意愿、有能力在普通人群中传播品牌价值，巩固产品形象，让产品持有者更坚定地拥护品牌价值的人群。从这个角度来看，我们虽然没买梅赛德斯奔驰，但我们也是它的目标客户。

做包装设计研究目标客户的难度相对要低一些，可以不依赖大数据，也不要求派出队伍进行实地调研。唯一的要求就是，产品的目标客户需要是能够明确描述出来的具体人群。我们在与客户沟通的过程中，是严禁用"年轻""热爱生活""时尚"这一类词汇来描述目标客户的，因为这样的词汇并不能让我们分析出目标客户要与哪些具体的人群对上号。

产品的目标客户有年龄段的不同，例如，儿童牙膏的目标客户是适龄儿童的家长，那么你可以根据孩子的年龄或者长牙期、换牙期等明确的时间段来确定自己的目标客户是谁。商家说这款牙膏适合 5～6 岁的儿童，或者适合换牙期的儿童，家长就会迅速对号入座，判断自己是不是这款产品的受众。

目标客户定位合格的标准就是，在将目标客户描述完毕之后，你能迅速判断出你本人是不是这款产品的受众。如果不能，或者所有人都是这款产品的目标客户，那么这个目标客户的定位就是无效的。

2. 明确赛道

赛道就是产品究竟属于什么品类。关于品类的介绍在本书的 1.3.3 节中，印象不深的设计师可以翻回去浏览一下。

品类是包装设计的重要概念，产品的销售站错了赛道，结果将会是灾难性的，明明是参加百米决赛的选手，错站在了滑雪场上，结果如何不用多说。所以我们要将赛道从两个方面明确下来：一是产品在货架上的什么位置；二是产品在目标客户的心智中属于哪一个细分领域。

货架的位置大致决定了产品的包装形式（饮料的包装形式多是瓶装或者罐装，大米的包装形式多是袋装或者盒装，卫生纸的包装形式多是袋装等），也可以通过货架的位置看到竞品都有什么、长什么样。当你要寻求差异化的时候，要知道与什么语言、什么图像、什么色彩形成差异。差异化是相对的，不是绝对的，绝对的差异化并不存在。

品类是消费者在做购买决策时的最后一级选择。随着品类的不断创新，受到波及的产品在品类发生重大变革的时候应该跟上脚步。我们在实操中发现瓶装水还处于品类不明确的状态，在瓶装水的小品牌中，大多数都陷入了传播品牌价值的误区，小品牌的号召力如何暂且不谈，从包装设计的角度思考，笔者认为小品牌更需要明确表达的是，自己具体属于"纯净水""天然饮用水""天然矿泉水"中的哪一种。如果是新品牌的天然矿泉水，哪怕只是把"天然矿泉水"几个字放大，也能促使这个品类的成熟。正是因为新崛起的品牌一股脑地跟随几个头部品牌一起传播自己的品牌价值而不是品类，导致了绝大多数消费者还是分不清这三个品类的饮用水有什么区别。

明确了产品在货架上的位置及其在目标客户心智中属于哪一个细分领域，才有了推导出产品定价和预期目标的基础。

3. 定价策略

笔者对定价策略所持的观点如图 2-2 所示。

产品定价 = 产品使用价值 + 品牌附加值

图2-2

你的产品所在的赛道，大体决定了产品能够给目标客户带来什么使用价值。还以饮用水为例：纯净水解渴，经过净化之后杂质很少，甚至没有杂质；天然饮用水在口感上优于纯净水，含有矿物元素，比较健康；天然矿泉水含有的矿物元素更丰富，口感更好，理论上对健康更有利。三个品类的售价有显著差异的根本原因在于品类不同，而不是品牌不同。可口可乐的冰露属于纯净水，尽管有品牌的加成，但售价始终不会超过各个地区的天然矿泉水的售价。依靠贩卖情怀或者更高级的产品包装来提升产品的使用价值治标不治本。

在同品类中，产品的价格存在差异的原因是品牌附加值不同。在产品使用价值相差无几的情况下，品牌附加值对产品价格的影响有的是正数，有的是负数。OEM 模式的产品在被赋予不同品牌之后售价出现差距，就是品牌附加值的直观体现。

一款产品的营销成本会影响产品的定价，这个观点笔者不否认，只能说这样讲属于偷换概念。经济学中有一个概念："商品价值与社会必要劳动时间成正比"，所以有人会觉得对商品进行的任何投入，都会造成商品价值的提升。显然这是一个错误的观点，他们将"社会必要劳动时间"偷换成了"劳动时间"。好比当我们有一台车要卖掉时，我们每天用好几个小时给车做各种清洁，劳动时间变长了，但车身的清洁程度相对于整体的车况对售价的影响可以忽略不计。将对产品的影响微乎其微的因素作为影响定价的主要因素是不明智的。

定价策略是否科学，要看产品的定价与类似产品的定价相比有没有很大的差异，如果有，再看带来的价格差异与品牌附加值给予的正向作用或负面作用是否相符。也就是说，要想**提高产品定价，只有两条路可走，要么提升产品的使用价值，要么提升品牌附加值。**

4. 预期目标

上述三个要素都属于可控要素，预期目标具有很强的不确定性，设计师一定要与客户聊预期目标，因为这是显著影响包装视觉表达的要素。

一个清晰的预期销量目标，预示着产品未来在一定区域内能够达到的能见度和知名度，产品在用户心中的地位越高，对包装的视觉感官及价值感的要求也就越高，这就要求包装设计要与预期水平相符。我们仅从感性范畴来衡量苹果手机的包装与老年机的包装哪一个更好看，胜出的一定是苹果手机；但从理性范畴来看，我们需要理解苹果手机的包装就应该做成那个样子，老年机的包装的确没有必要做得与苹果手机同样精美。

与客户沟通产品定位，既要了解产品的过去（目标客户、赛道、定价策略），也要了解产品的未来（预期目标）。

2.1.2
销售渠道

在以做包装设计为目标的前提之下，笔者将销售渠道简单地概括为"你要在哪儿卖货"。

不同的销售渠道，需要产品包装具备不同的视觉特征。仍然是秉承将复杂问题简单化的方式，笔者把销售渠道分为三个类型。

1. 线下渠道

以线下渠道为主的产品的包装需要具备的两个特质，是产品的陈列优势和包装信息的完整度。对于在线下渠道销售的产品，即使品牌再大，也无法做到在所有的销售场景都安排促销人员和促销物料来帮助卖货，这个时候货架上的众多产品如何吸引目标客户的注意并让其掏钱购买就显得尤为重要。

产品卖点表达得清晰易懂，给予目标客户购买的理由可以说是线下渠道产品的标配，让促销的工作在包装上就得以体现。产品卖点的表现形式依赖于目标客户具备什么特质、销售渠道是大型商超还是社区超市、大众对产品的广泛认知处于什么水平这三个方面。在线下渠道观察陈列的产品，你会发现在包装上设计感很强的产品极少，因为货架上的实战不是设计秀，相比创新的设计思路，实战性能更加重要。在包装中如果除产品卖点之外还有强有力的信任状，则会给实战性能锦上添花。设计师在设计线下渠道产品的包装时，不要过度做减法来单纯地追求设计感。

2. 传统电商渠道

淘宝、天猫、京东等电商平台属于传统电商渠道。此类渠道的特征是货架与传统的物理货架不同，目标客户所看到的产品最显著的信息并非产品包装本身，而是电商页面的产品首图和对产品描述的关键词。在这个销售场景下，产品包装上的信息很难被目标客户识别，具体的产品卖点可以在详情页呈现，在设计策略上如果甲乙双方达成一致，可以让包装的商业逻辑在一定程度上向视觉效果妥协。因此，电商渠道的产品包装在信息完整度合法的前提下，可以进行适当的删减。

同样的产品在不同的渠道面对的目标客户，在年龄结构、消费习惯和销售端能够调配的资源上都不同。总体上讲，线上渠道的目标客户更易接受有新鲜感的包装设计。在设计以电商渠道为主的产品的包装时，可根据实际情况适度打破固有的设计思路，让产品包装具有新鲜感。

3. 新电商渠道

各种直播带货平台的销售模式也属于线上销售，但笔者将直播带货渠道归为新电商渠道。在销售过程中，有人员讲解产品情况，同时可以与直播间的目标客户们实时互动，加快了产品的售卖节奏。由于卖货主播善用销售技巧来引导目标客户的情绪，因此新电商渠道的消费并不是完全理性的消费。另外，在直播间销售场景中，高频出现的是产品本身，而不是产品外包装，这就导致新电商渠道对产品包装商业逻辑的要求进一步降低。在为以新电商渠道为主的产品设计包装时，原则上可以在合法的前提下打破所有产品品类的设计框架，追求极致的新鲜感和视觉感受。

由于老品牌在进入新电商渠道时，通常都会使用产品原有包装来销售产品，而不是新设计一套包装来专供这个渠道，所以设计师在接触到设计项目时以新品居多。当要做的新品的竞争对手是一个成熟品牌的时候，我们也可以将新品的劣势转化为一定的优势，通过设计来让新品更适应新电商渠道。

在这三类渠道中，包容性最强的是线下渠道，它可以包容任何的产品包装；传统电商渠道次之，可以适度地让包装的商业逻辑为视觉效果让步；在新电商渠道，可以将包装做得最为激进，在落地成本合理的前提之下，让创意发光。

2.1.3 促销策略

在搞清楚了产品"是什么""在哪儿卖"之后，要解决的问题就是"怎么卖"。

促销策略就是促进产品销售的谋略和方法。除了影响销量，促销策略也会影响产品的包装设计，因为促销策略既涉及人，也涉及场景。我们需要让产品的外观能够在某些特定人群中、某些特定场景中具备不同的视觉特质。

地推是一种促销活动，这是生活中最常见的促销策略。由于其对包装没有特殊要求，我们不做讨论。

投放广告也是促销策略。选择在什么媒介上投放广告主要依赖于产品定位，不同定位的产品具备不同的气质特征，反向推导，从客户选择的投放广告的媒介也能分析出产品定位。拼多多投放广告的媒介与天猫投放广告的媒介是有很大差别的，产生差别的根本原因不在于品位的高低，而在于产品定位的不同。广告媒介可以很直观地让我们了解产品包装应该是什么样子。

开展公共关系活动也是促销策略。尤其是当客户销售产品非常依赖私域流量时，他身边的人群就已经是潜在用户了。当我们得知了具体的人群结构时，也能迎合这类人群的偏好，使包装设计的表达更合理。

探讨促销策略的过程，在一定程度上也验证了产品定位和销售渠道是否清晰、准确。

2.1.4 竞争优势

产品的核心卖点都是从竞争优势中筛选出来的，这是消费者做出消费决策的重要理由。竞争优势可能存在于品牌号召力中，可能存在于产品性能中，也可能存在于销售渠道中，还可能存在于产品售价中。面对这么多的影响因素，设计师在做包装时并不需要面面俱到地考虑。

笔者在讲定价策略时提到，产品定价＝产品使用价值＋品牌附加值。对竞争优势的洞察可以只考虑产品使用价值和品牌附加值两个方面。也就是说，包装上要体现的竞争优势，要么是产品具备的能让消费者掏钱购买的使用价值，要么是能赋予产品更高的溢价或者性价比的品牌附加值。

竞争优势是多样的，在产品使用价值和品牌附加值都不具备显著优势的情况下，产品也能有话可说。竞争优势不一定是产品所独有的某种特质，也可以是所有产品都有，但别的产品没有表达出来的某种特质，还可以是其他产品也提到了，但本产品的表达更容易被人信服的特质。比如，元气森林突出体现的"0糖、0脂、0卡"，在传播中迅速被大家接纳。所以在探求竞争优势的过程中，不能只看产品能不能成为唯一，还要找到产品的优势。

2.2

跟客户怎么聊

笔者十分理解设计师对面谈客户的抵触情绪，但要做好包装设计，就要学会跟客户怎么聊。在这里笔者不讲商务谈判技巧，也不讲商务礼仪，而是根据经验给出几个建议，让大家能够顺利地完成跟客户的对接工作，如图2-3所示。

图2-3

2.2.1
访谈

作为设计师，进行访谈的目的是获取需要的信息，而不是展示自我。所以比较内向的设计师要自信起来，客户不会挑剔你的外貌、口音和性格特征，他只是想要跟你完成设计项目。对于访谈，笔者给出几个建议，这几个建议能让你在经过几次访谈之后变得自信起来。以下建议既适用于面谈，也适用于视频会议或电话沟通。

不穿正装。穿正装虽然看起来对客户非常重视，但是过于严肃的气质会让双方都觉得拘谨，加大了对话的心理负担。穿着大方、得体即可，给自己一个轻松、舒适的心理暗示。

必须问的问题要写在纸上，避免遗漏。将你需要询问的问题一起写在纸上，逐一询问客户，哪怕中间跑题了，也能迅速知道应该回到哪个问题上面。

建议用纸笔记录信息。录音会给对方造成不适，录像又不太礼貌，用手机记事本会让对方觉得你在玩手机。用纸和笔记录效率高，并且在访谈中是最得体的记录方式。通过养成纸笔记录的习惯，你可以编配出一些自己能够理解的符号，迅速记录相对应的信息，提高效率。

肢体动作和表情尽量自然。商务礼仪规定了商务人士的站姿、坐姿、仪容仪表和表情管理。在访谈中，我们可以大大方方地按照自己的习惯来与客户对话，不喜欢笑，可以不笑，不喜欢正襟危坐，就靠在靠背上。只需要尽量避免自己过多的小动作（如揉眼睛、抹嘴唇、抠鼻子等）给对方带来不适即可。身材比较高大的设计师在访谈中如果保持站立状态，要与客户保持一定的距离，避免给客户造成俯视的压迫感。

遵守时间。守时是双方相互的尊重，不要迟到，也不要提前太多，避免给对方造成麻烦。

2.2.2
书面沟通

书面沟通是设计师在设计工作中必须养成的习惯。书面沟通可以为项目复盘或者总结提供依据，同时人们在书面表达的过程中要比在进行口头表述时更加严谨和冷静。笔者将在实际工作中用到的调查问卷放到下面，供各位参考。

第一次调查问卷（包装设计）

谢谢您选择毒柚设计，为了更准确、高效地完成设计工作，我们在开展设计工作之前需要进行一次书面沟通，请您过目。

1. 在产品包装上，除了品牌 Logo、产品品名、净含量、生产厂家等必要的文字信息，还必须体现哪些具体信息？

2. 我们要通过包装给目标客户传递什么样的视觉感受？

3. 产品定价如何？定价策略是什么？

4. 产品的核心竞争力是什么？产品与竞品有何本质上的不同？（必须客观阐述，观点需要经得起推敲、检验）

5. 目标客户画像。（目标客户、细分市场介绍。请注意此处的描述要客观，要有理有据，避免根据年轻、时尚、热爱生活这一类虚词对目标客户进行划分）

6. 请至少列举六个目标客户要购买此产品的理由。

7. 列举与产品定位一致或接近的竞品。

8. 竞品普遍存在的弱点是什么？

9. 产品未来的营销目标是什么？要达到哪个量级？

10. 未来推广产品的渠道介绍。

　　谢谢您的耐心回答，后续的沟通我们会通过电话、微信、QQ 等方式进行。

　　为了准确、高效地沟通，保证设计作品的准确表达，请您务必重新过目您所回答的问题，确保在表述上的严谨。另外，我们必须与决策者沟通，该问卷的签字人就是公司全权授权的代表，其提出的意见代表公司的意见。谢谢，祝产品大卖。

签字：

年　月　日

　　与客户的书面沟通可能是两轮，甚至多轮。当对客户的回答有明显的不同意见时，需要及时沟通，消除双方想法上的矛盾之处或者求同存异，双方要调整为同频状态，才能进行接下来的设计工作。即使不能理解客户反馈的内容，也要马上进行第二轮提问。书面沟通的作用是让客户告诉你问题的答案，而不是让你猜答案是什么。

　　笔者编写问卷的习惯是针对每一个设计项目都重新设计问题，没有通用的问卷模板。问题的顺序也遵循笔者本人的逻辑，甚至有些问题是专门针对一些客户在前期沟通过程中摇摆不定的观点而设计的，用书面的方式确定下来，以防设计阶段出现理念上的偏差。

2.3
提炼卖点的步骤

提炼卖点是为了提高产品的竞争力,从而实现促进销售的目的。提炼卖点的过程不是设计师单方面的动作,而是在将卖点整理、排序之后会同客户共同研究,找到最优解。提炼卖点的步骤如图2-4所示。

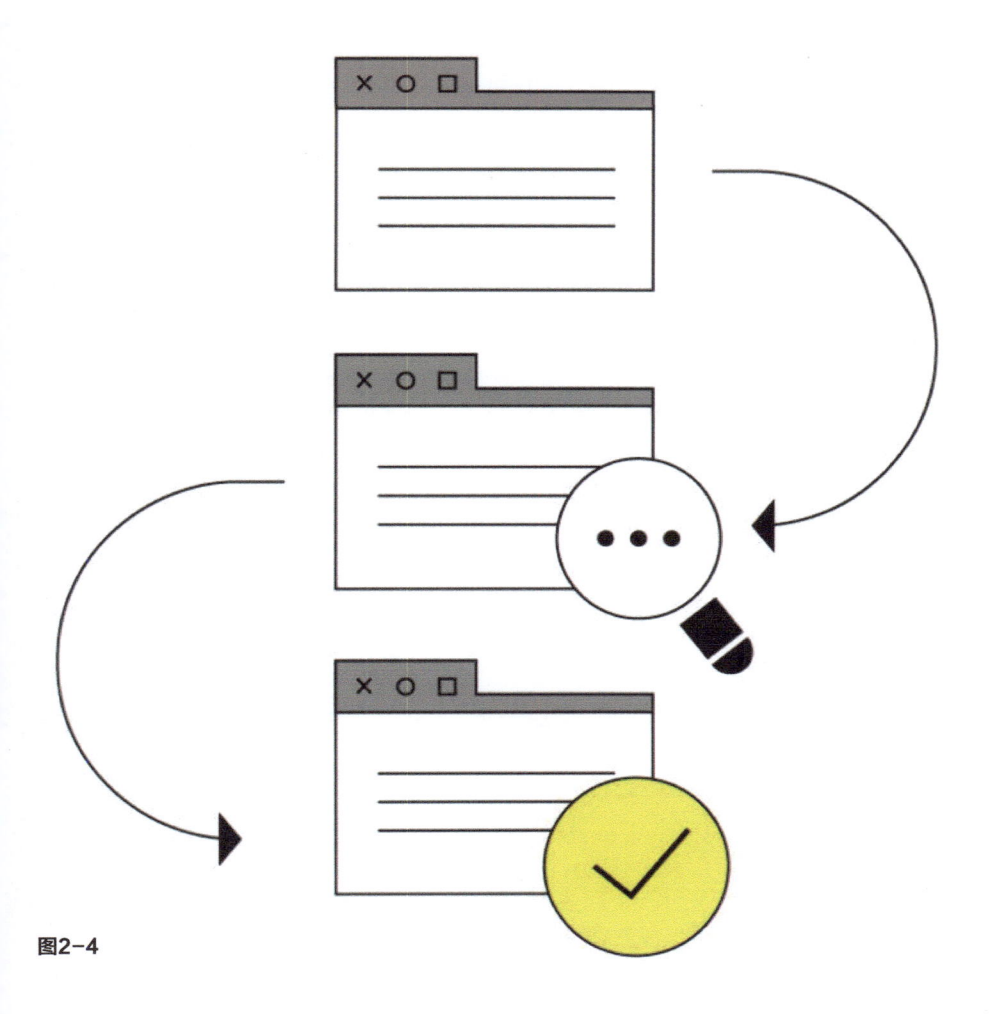

图2-4

2.3.1
整理好全部能够成为竞争优势的卖点

信息的罗列不用将信息按照特定规律分组,可以将访谈及书面沟通阶段获得的所有竞争优势都归纳到一起。寻求规律的分组容易因为某些卖点无法归类导致遗漏,或者由于分组数量太多浪费时间。设计思维是发散性思维,整理好全部能够成为竞争优势的卖点,也许某一个卖点在团队内部讨论中就能激发出设计灵感。我们在服务氢子猫儿童漱口水项目时,就散乱地罗列了产品的众多卖点以供讨论,如图 2-5 所示。

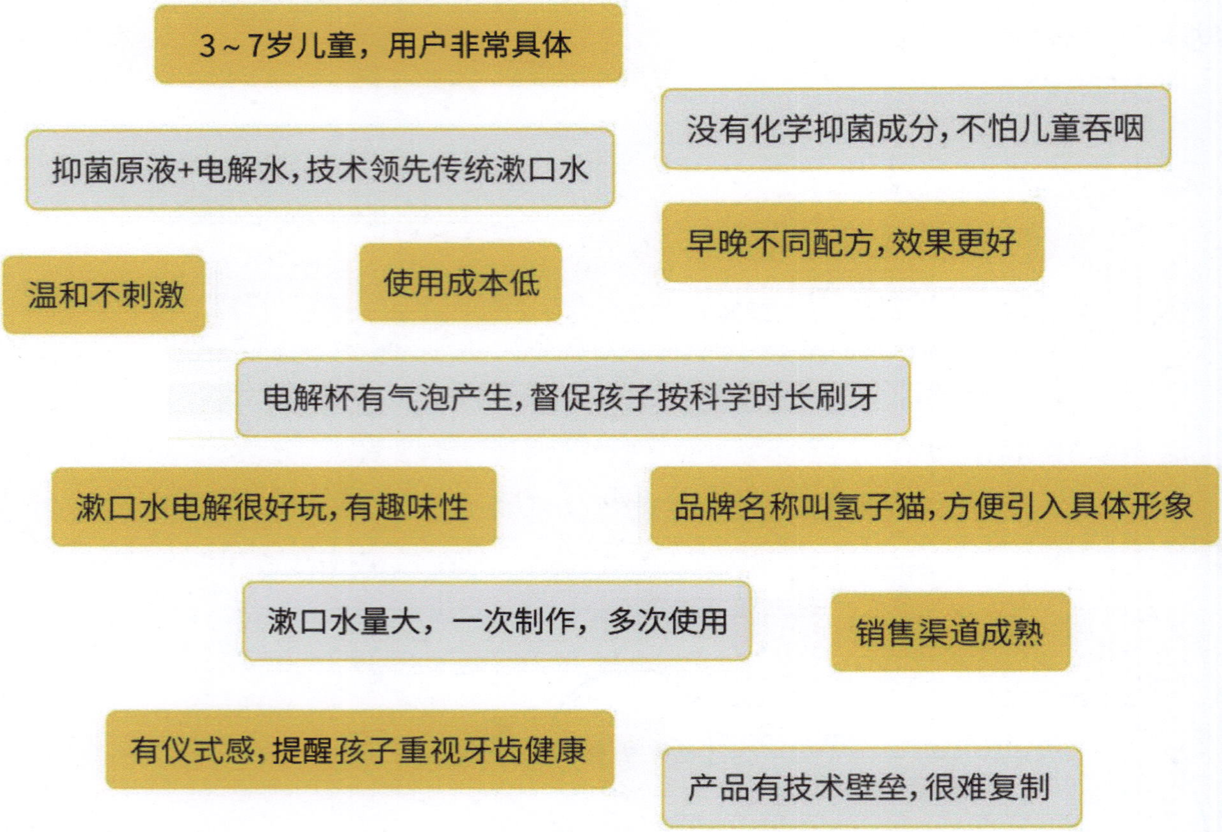

- 3~7岁儿童,用户非常具体
- 抑菌原液+电解水,技术领先传统漱口水
- 没有化学抑菌成分,不怕儿童吞咽
- 早晚不同配方,效果更好
- 温和不刺激
- 使用成本低
- 电解杯有气泡产生,督促孩子按科学时长刷牙
- 漱口水电解很好玩,有趣味性
- 品牌名称叫氢子猫,方便引入具体形象
- 漱口水量大,一次制作,多次使用
- 销售渠道成熟
- 有仪式感,提醒孩子重视牙齿健康
- 产品有技术壁垒,很难复制

图2-5

在将能够成为竞争优势的卖点整理好之后,设计团队可以利用发散性思维探讨哪一个卖点更有效,以及哪一个卖点用什么方式表达更合理。

2.3.2
按照权重进行排序

卖点的权重要依照两个原则来分配，首先是简单易懂，其次是与用户需求相关联。

对于卖点的呈现，如果从技术角度去解读其中的原理，不仅外包装的面积不够，还是对用户认知的挑战，所以尽管产品在技术角度有某些显著的竞争优势，也要用简单易懂的方式传递给用户，不能在包装上说明白的卖点可以为其他卖点让步。

产品的"好"是相对的，而好卖的产品一定关联用户需求。与用户需求关联越紧密的卖点，所获得的权重越高。依据这两个原则，我们对氢子猫漱口水的卖点做了如下排序，如图2-6所示。

排序	卖点	理由
1	品牌名称叫氢子猫，方便引入具体形象	画面绘制容易表达准确的情绪
2	没有化学抑菌成分，不怕儿童吞咽	安全放心，不伤害儿童口腔
3	温和不刺激	儿童不会抵触
4	早晚不同配方，效果更好	在督促儿童早晚刷牙的同时，清洁效果更好
5	漱口水电解很好玩，有趣味性	让孩子对漱口产生兴趣
6	使用成本低	避免家长有消费负担
7	漱口水量大，一次制作，多次使用	量充足，不怕不够
8	抑菌原液+电解水，技术领先传统漱口水	新一代产品，技术领先

图2-6

对于其余不容易表达的、与用户需求关联较弱的卖点，可以不做进一步分析。

2.3.3
会同客户确定核心卖点

在将卖点筛选出来并排序之后，就需要会同客户探讨包装上究竟要选择哪几个卖点了。不仅确定卖点，这个阶段最好将表达方式也确定下来，方便设计师执行设计方案。

我们通过研究得出了结论，如图2-7所示。

1

将"漱口水电解很好玩，有趣味性"与"品牌名称叫氢子猫，方便引入具体形象"合并，以儿童插画的形式绘制主体画面，这是包装要表达的核心内容，让儿童在看到包装时产生亲切感，并能与品牌名称产生关联。

2

技术优势以文字形式表述，用"新一代"三个字让消费者明白这是技术领先的产品，在技术层面不做更多解读，将此项工作交给其他营销环节。

3

将"不怕吞咽""温和不刺激""早晚使用"作为辅助信息，让孩子家长放心购买。

图2-7

2.3.4
依据渠道和销售策略，确定产品的包装形式

包装形式确定得越早越好，在提炼核心卖点之后确定已经很晚了，在执行设计方案之后再改变包装形式，经常会导致盒装的画面与瓶状结构不匹配。在实操中笔者通常在访谈阶段就与客户确定好包装形式。

氢子猫的项目在当前阶段面临两个选择：是用盒装，还是用罐装。盒装成本低，但运输中有遇到挤压或冲击而变形的风险；罐装成本略高，而且圆柱体罐子会影响包装的观看面积，影响商业逻辑的表达。最终为了视觉上的平整和观看面积，设计团队选择了纸盒包装的形式，如图2-8所示。

图2-8

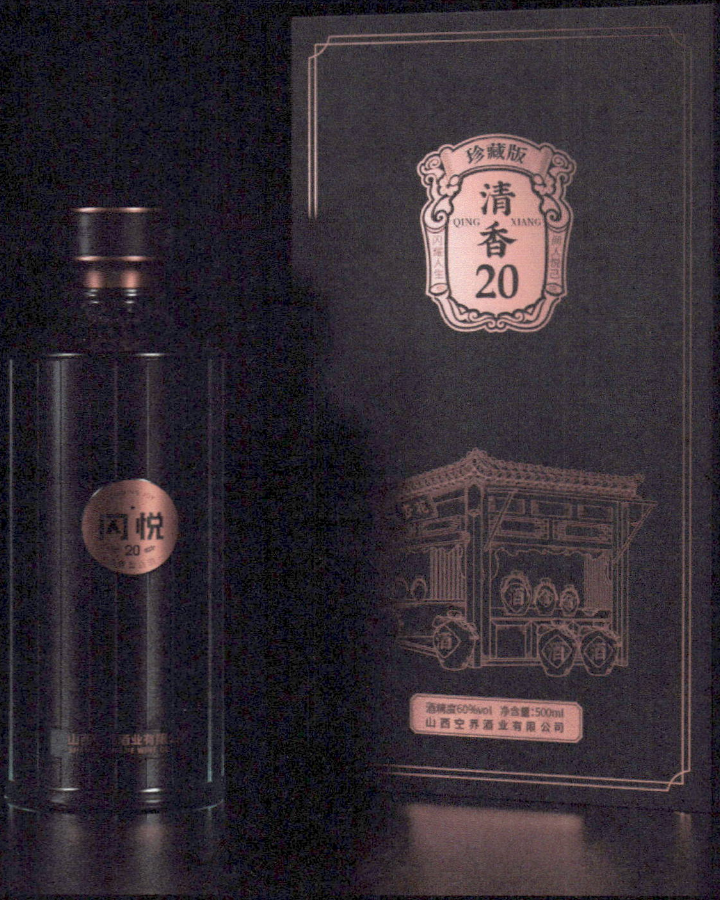
珍藏版
清
QING XIANG
香
20
闲悦
20
酒精度60%vol 净含量:500ml
山西空界酒业有限公司

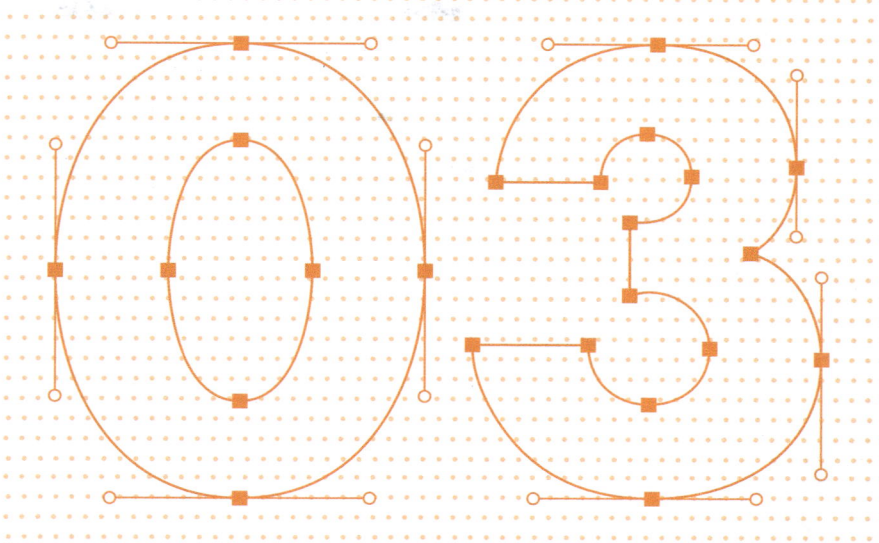

快速上手的包装设计技能

本章开始讲解设计师需要具备的几个基本技能，通过机械性训练，相信各位设计师在一段时间之后就能够摆脱这些公式化技巧，逐渐掌握灵活的设计技能。

色彩搭配实用技巧

版式设计实用方法

字体设计实用方法

手绘画面

实物摄影

包装材料分类及常见工艺

产品包装结构

3.1
色彩搭配实用技巧

当配色出现问题时,不要质疑自己的审美,这是因为没有寻求配色的规律。下面几种简单易懂的方式能帮助你掌握色彩搭配的基本规律,如图 3-1 所示。

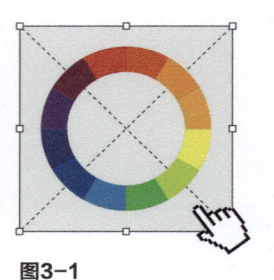

图3-1

03

3.1.1
色轮

色轮如图 3-2 所示,是配色学习的重要工具,可以将基本色全部展示在你的视线范围之内,不需要通过想象来判断配色方案的视觉效果。色轮对于在绘图中不知道如何上色的设计师非常友好。最常用的配色方法是直接在色轮中选取你想要的颜色,填充在设计方案中,如图 3-3 所示。

图3-2

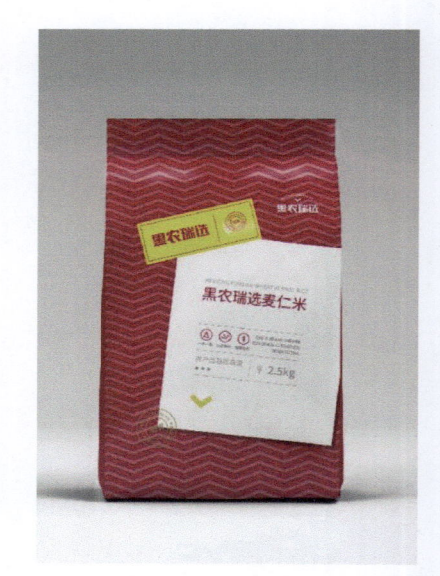

图3-3

3.1.2
黑白配

　　黑白配的字面意思是用黑色和白色搭配，使包装产生明暗对比强烈的效果。在实际应用中我们也可以变通一下，用彩色与白色搭配，同样也能形成对比强烈的配色方案，如图 3-4 所示。

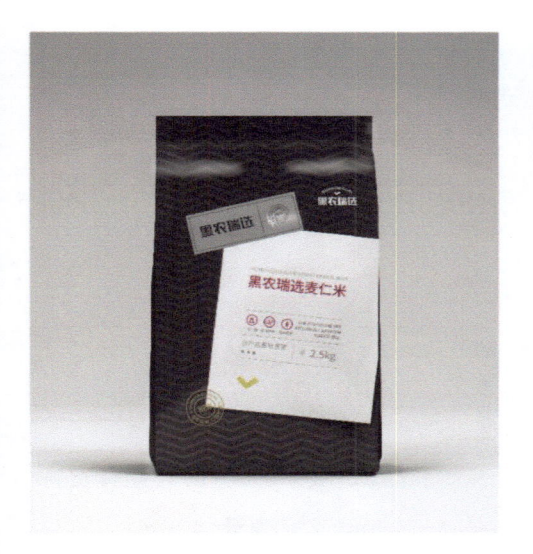

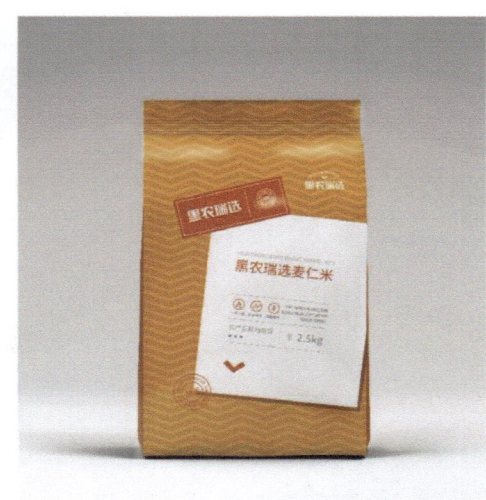

图3-4

3.1.3
单一色相

　　从单一色相开始，我们需要用到 Photoshop 中的"色轮"面板。

　　调出"色轮"面板的方法：打开 Photoshop，依次单击"窗口—颜色（打开'颜色'面板）—菜单图标■—色轮"，如图 3-5 所示。

图3-5

使用单一色相的配色方式，就像用同一种颜色的颜料调出了各种不同的色调和明度，从而创造出更多层次和变化。相比之下，单一颜色就是只有一种颜色的颜料，虽然简单明了，但表达的内容相对单一。所以，使用单一色相能使画面既有统一感，又有层次感，如图3-6所示。

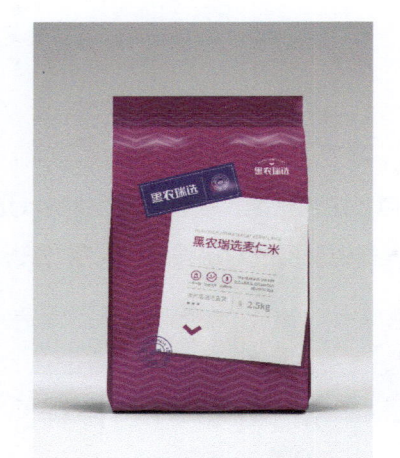

图3-6

3.1.4
直线配色

直线配色是指在色轮上选取一个目标颜色之后，以这个目标颜色为端点，经过色轮的中心画一条直线，用直线另一端的颜色与之搭配。在没有明确的目标颜色的情况下，可以从不同角度连线来获取两种颜色。在配色众多的系列产品包装上，常用直线配色的方式来区分不同产品，如图3-7和图3-8所示。

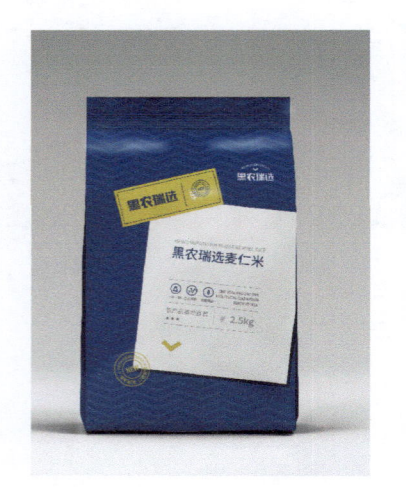

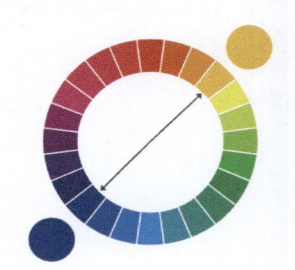

图3-7

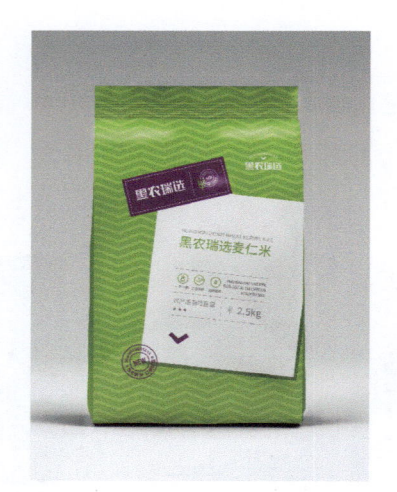

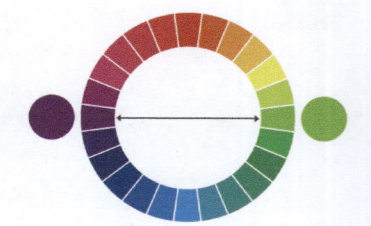

图3-8

3.1.5
三角形配色

当两种颜色搭配不够用时，可以采用三角形配色的方式获取三种颜色，让包装上的颜色更鲜明。在色轮中画等边三角形，如图3-9所示，用三个顶点所指的颜色做搭配。三角形配色选取的颜色之间不像直线配色选取的颜色那样互补，所以各颜色分配的面积要具有差异，否则画面会显得混乱。为了突出主要强调的颜色，可以将强调色的饱和度增加。

图3-9

3.1.6
方形配色

当颜色需要进一步增加时，可以采用方形配色。在色轮中画正方形，四个顶点指向了四种颜色，这样的配色与三角形配色具有类似的特征，如图3-10所示。当需要颜色之间互补时，可以将正方形变为狭长的长方形，四个顶点指向两对相对互补的颜色。

图3-10

03 快速上手的包装设计技能　　043

3.2
版式设计实用方法

与色彩搭配相同，版式设计也能通过总结规律找到合适的表达办法。当你对排版一筹莫展时，可以尝试采用下面的方法完成版式设计，如图 3-11 所示。

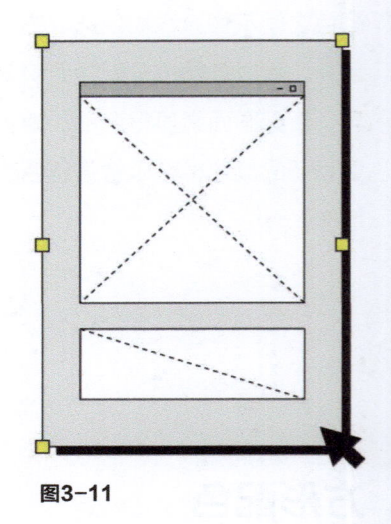

图3-11

3.2.1
对齐

对齐是指为了让画面中分散的元素产生联系，采用左对齐、右对齐、居中对齐、左右对齐等排版方式进行设计。使用方法是按照信息的主次来确定元素的大小与粗细，主要信息放大，加粗，次要信息次之，其他信息按照重要程度以此类推；文字中间穿插少量图形、图标点缀，丰富画面层次。

左对齐示例如图 3-12 所示。

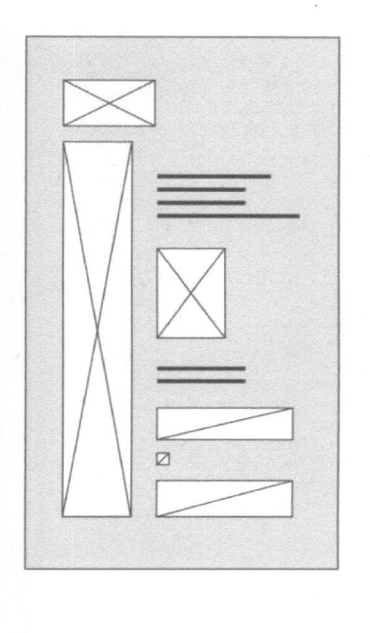

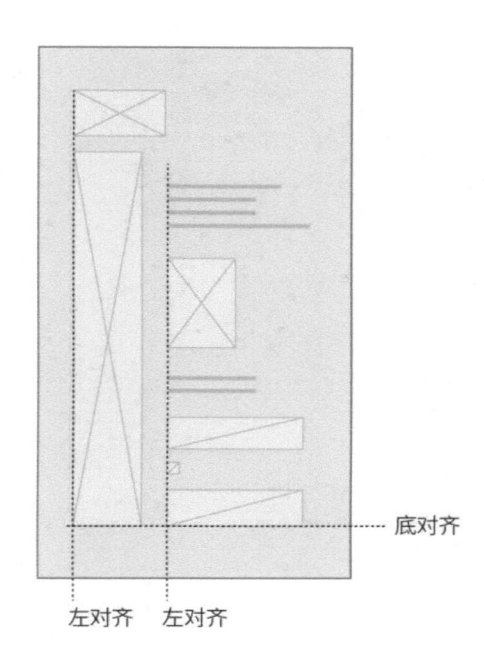

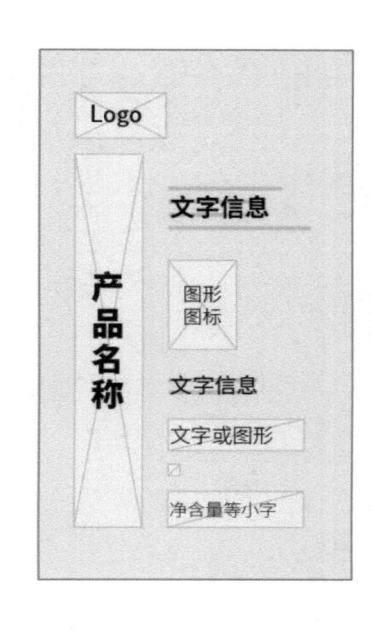

底对齐
左对齐　左对齐

图3-12

除左对齐外，还可采用右对齐、居中对齐、左右对齐等方式，如图 3-13 所示。

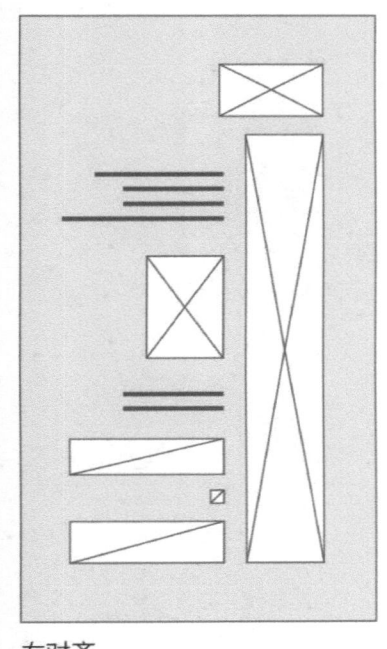

右对齐　　　　居中对齐　　　　左右对齐

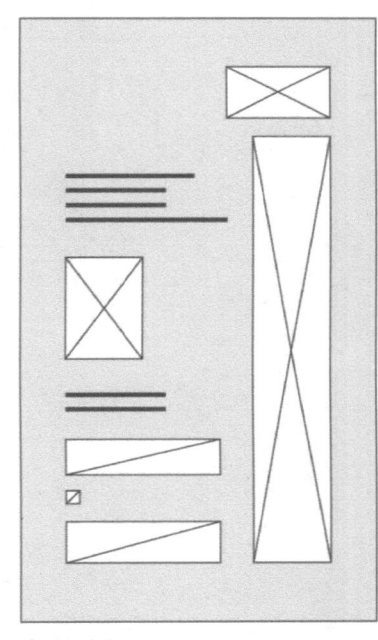

图3-13

采用对齐构图的效果图如图 3-14 所示。

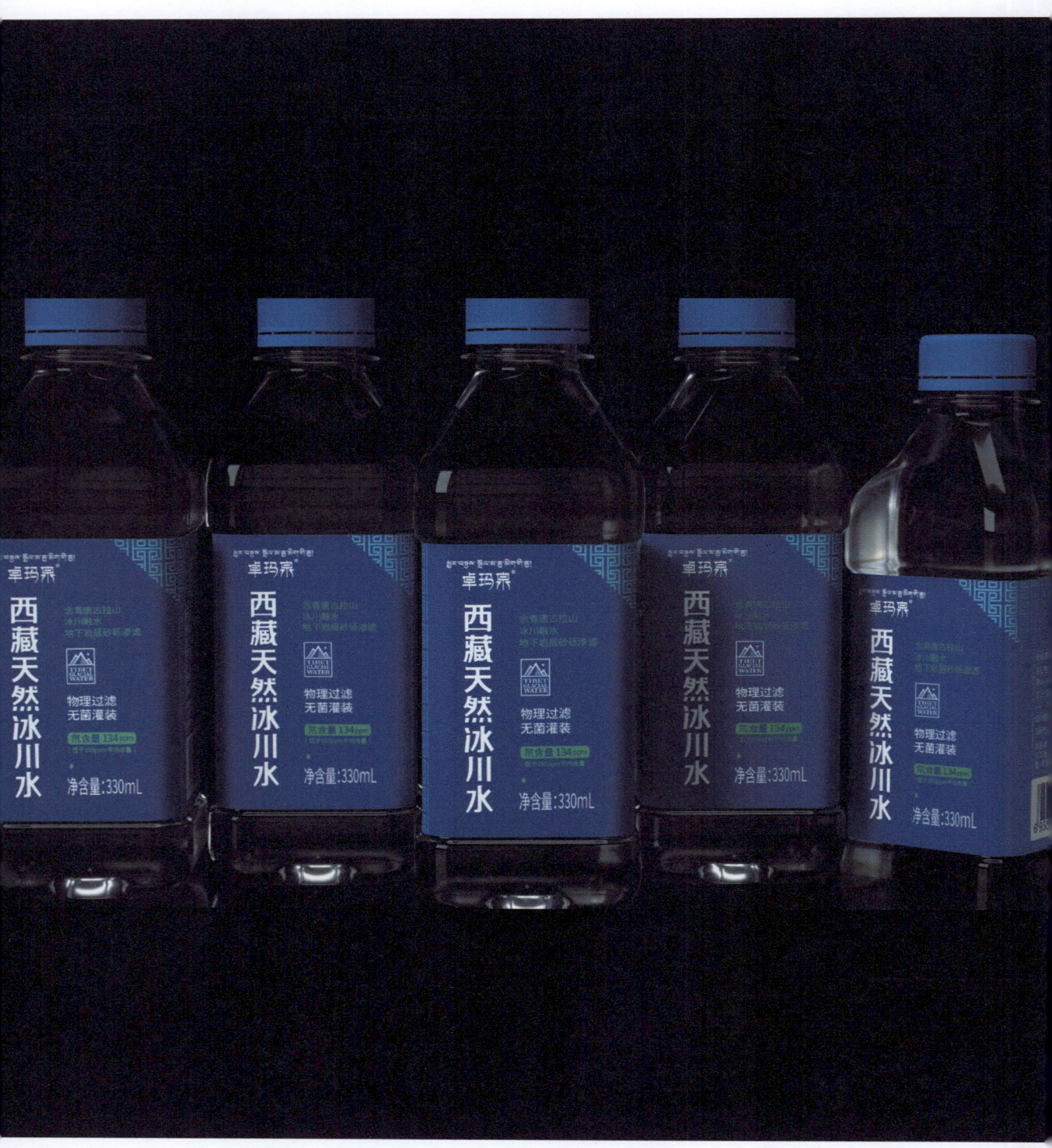

图3-14

3.2.2
对称轴

对称轴构图是指以一条线为轴心，将等量的元素沿着对称轴的轴心分布，两侧元素的大小、形状大致相同，将画面营造出平衡、稳定、有秩序的感觉。对称轴构图在视觉上有平稳、庄重、安定、协调感，斜向对称构图还能让画面具有动感。

常用的对称形式可分为水平对称（见图3-15）、镜像对称（见图3-16）、斜向对称（见图3-17）、中心对称（见图3-18）。

元素沿着对称轴的轴心分布，元素可以是相同的，也可以是不同但等量的。

在排版时按照信息的重要程度来决定元素的大小，根据信息之间的关系来确定元素之间的疏密。

文字中间可穿插少量图形、图标点缀，丰富画面层次。

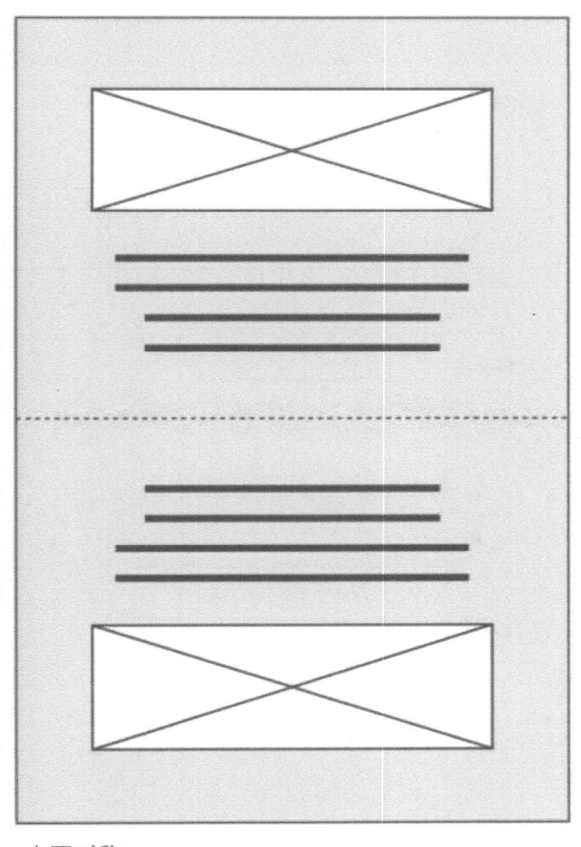

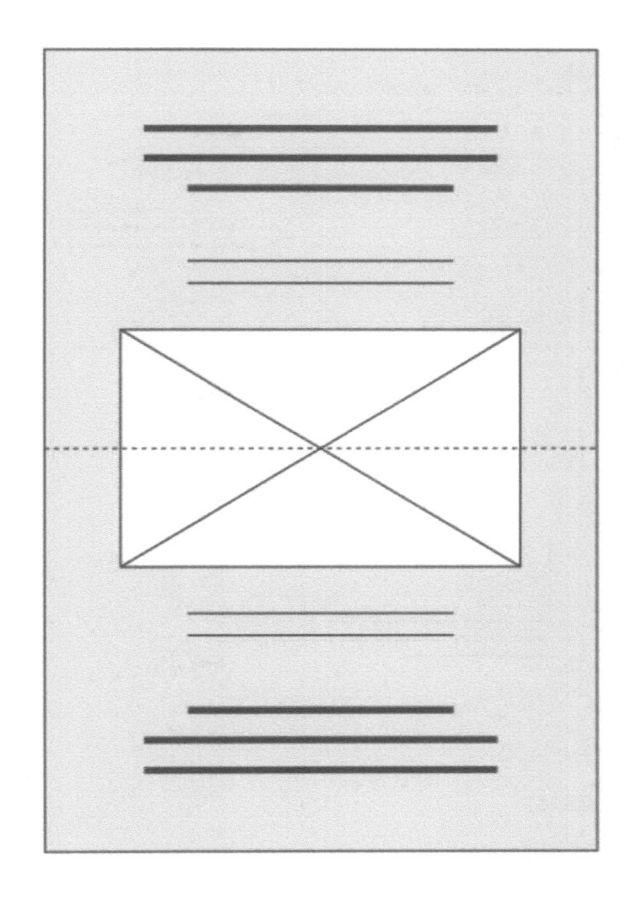

水平对称

图3-15

03 快速上手的包装设计技能　　047

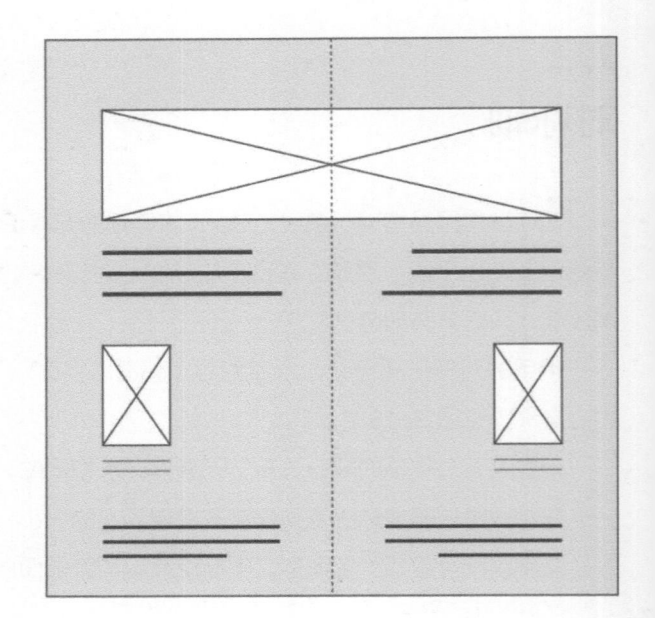

镜像对称

图3-16

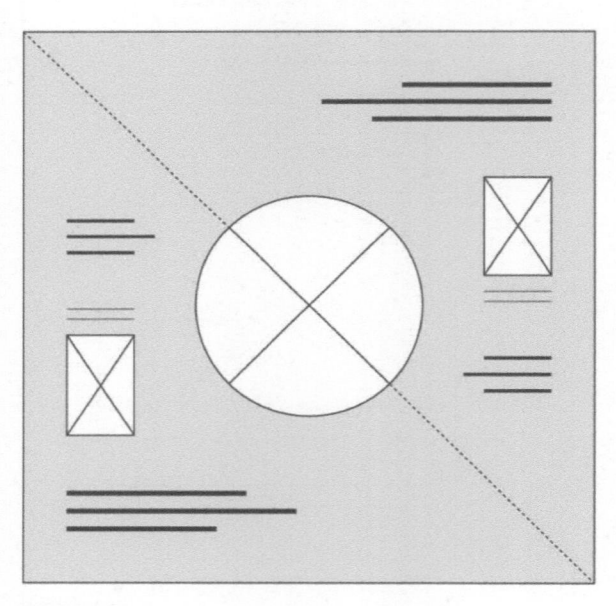

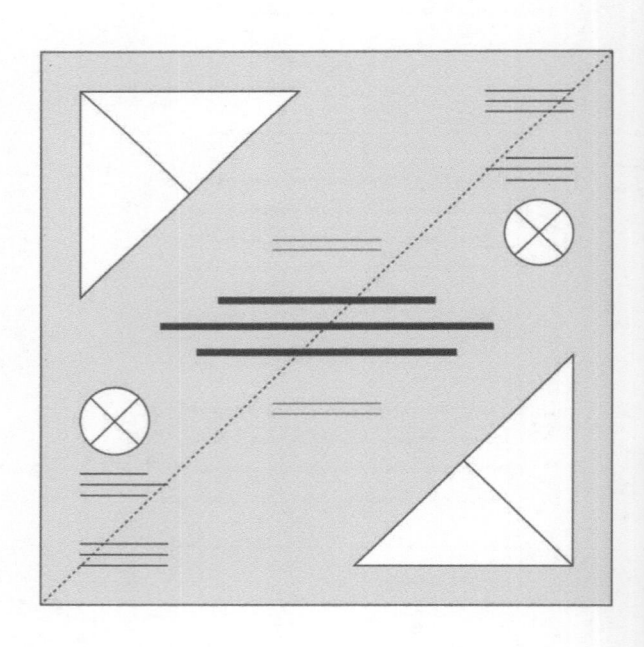

斜向对称

图3-17

048　做包装：策略定位+视觉设计+印刷制作

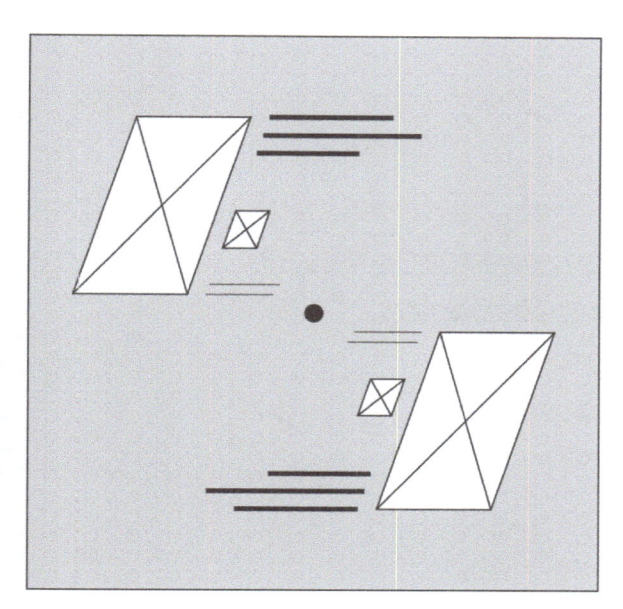

中心对称

图3-18

采用对称轴构图的效果图如图 3-19 所示。

图3-19

03 快速上手的包装设计技能

3.2.3
分隔

　　分隔构图具备的特征是将图和文字用水平线、垂直线、对角线、曲线等分隔，按照一定的比例分成不同形状，让设计主题突出、主次分明。画面部分按照设计理念、表达主题进行绘制和设计；文字部分按照信息的主次关系及重要程度进行排列，根据信息之间的关系来确定元素之间的疏密。

　　水平分隔和垂直分隔如图 3-20 所示，具有平衡、稳定的秩序感。

　　对角线分隔和曲线分隔如图 3-21 所示，能营造一种力量感与动感。

　　分隔出的面积大小不受限制，由产品属性和设计主题决定。

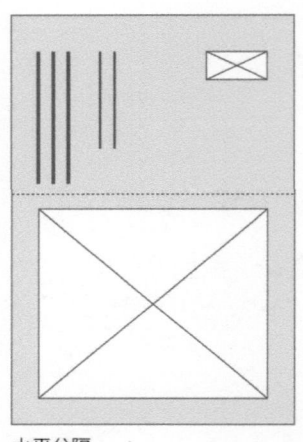

水平分隔　　　　　　　　　　垂直分隔

图3-20

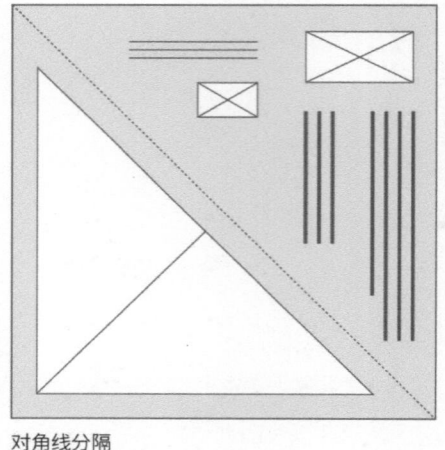

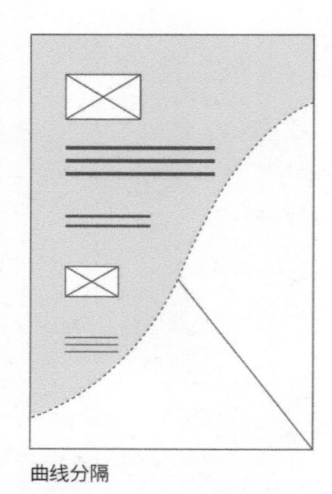

对角线分隔　　　　　　　　　曲线分隔

图3-21

采用分隔构图的效果图如图 3-22 所示。

图3-22

3.2.4
表格

  表格构图是指将画面中的文字部分用表格线来分隔，让文字内容有秩序地排列，主题清晰，层次分明，使杂乱无章的内容清晰地呈现出来。在表达严谨、专业的产品画面中，可用表格构图，能给人一种信赖感。

  表格构图的版面不受限制，可以是横版、竖版、方形版面。按照内容的主次关系，用分隔线划分区域，主要内容所占的表格区域较大，次要内容所占的表格区域稍小。另外，可以将少量图形穿插在文字中，丰富层次，增加细节。

  表格排版示意如图 3-23 所示。

图3-23

采用表格构图的效果图如图3-24所示。

图3-24

3.2.5
包围

　　包围式构图会让视线聚焦到被包围的区域，使之成为画面的视觉重心。由于信息量多，留白少，包围式构图可以增加画面的丰富性，使画面具有活泼感和趣味性。包围式构图在设计上可以是图包文（见图3-25），或文包图（见图3-26），也可以是图文结合。包围式构图的版面不受限制，可以是规则图形，也可以是不规则图形，传递出一种聚焦、丰富、有趣味的设计氛围。

　　包围式构图根据包围的范围可以分为全包围和半包围，如图3-27所示。全包围是画面整体呈回字形，视线聚焦到被包围区域；半包围是把主画面放在画面的一角，其他元素围绕在主画面旁边，形成半包围式构图。

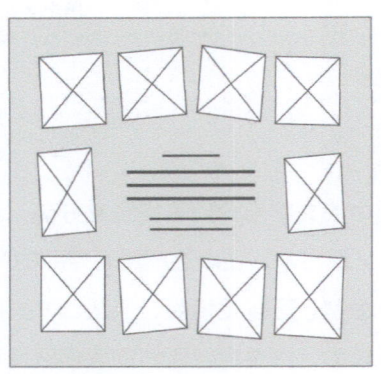

全包围之图包文 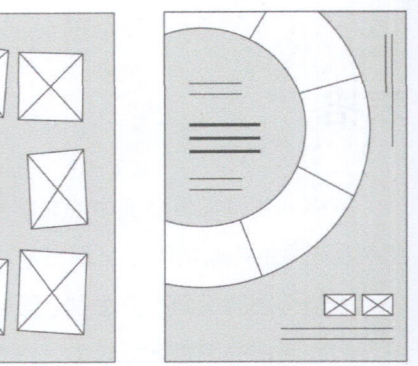　　　　半包围之图包文

图3-25

全包围之文包图 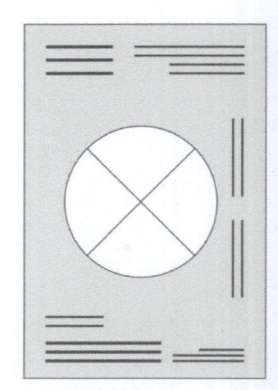　　　　半包围之文包图

图3-26

全包围　　　　　　　半包围

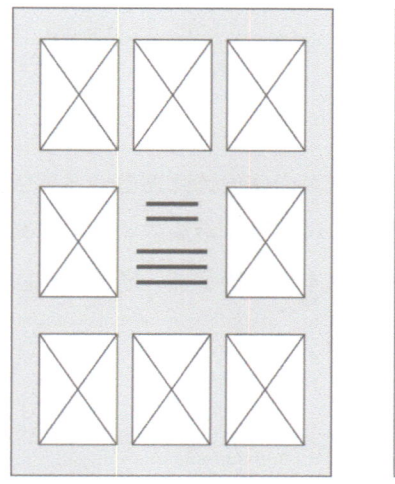

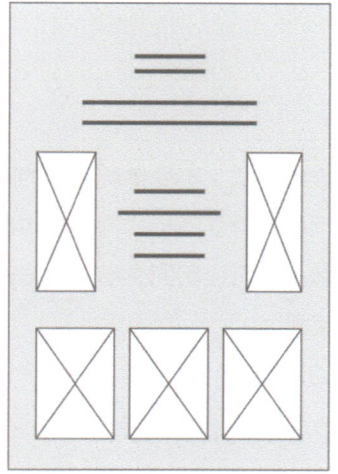

图3-27

采用包围式构图的效果图如图 3-28 所示。

图3-28

03　快速上手的包装设计技能　　053

3.2.6 随机式

  随机式构图没有固定的形式，不受传统构图的限制，可以使设计师充分地发挥创造力，更好地表达自己的想法，创造出与众不同的设计。随机式构图能传递出一种轻松、活泼的氛围，具有丰富性和趣味性。图与文没有固定的位置和形状，也可以用图文结合的方式，来丰富画面细节。随机式构图同样不受版面限制，可用在竖版、横版、方形版面上。

  随机式构图如图 3-29 所示。

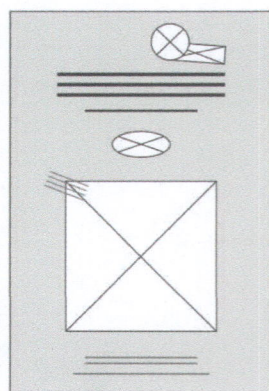

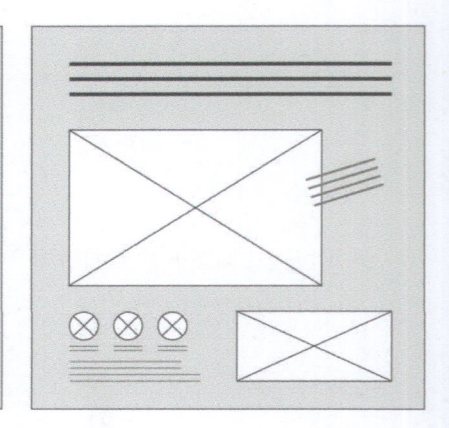

图3-29

  采用随机式构图的效果图如图 3-30 所示。

图3-30

3.3
字体设计实用方法

字体设计是包装设计师需要掌握的重要技能，字体设计的练习需要伴随其整个职业生涯。本节主要讲解几种基础练习方法，让大家懂得如何练习字体设计，如图3-31所示。

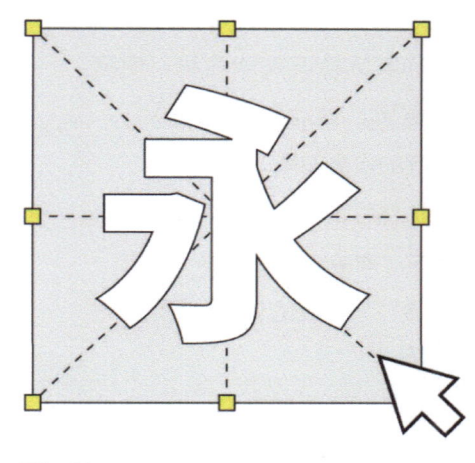

图3-31

3.3.1
手写

在字体设计爱好者的作品集中，我们总会见到这样的字体设计，如图3-32所示。

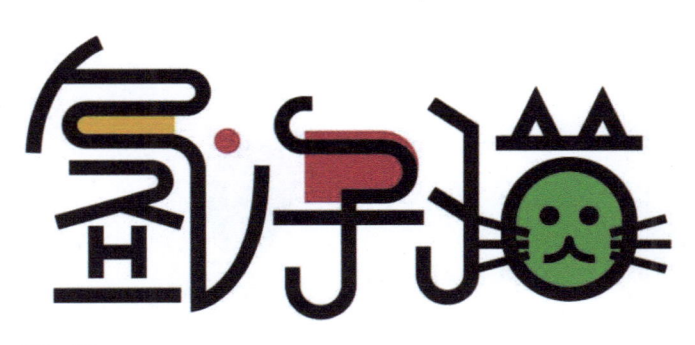

图3-32

文字的装饰和点缀很多，导致文字的识别难度变大，这样的字体设计是不能应用在包装设计中的。字体设计可以先从手写文字开始练习。

常用毛笔来书写文字。先将文字写好，再拍照上传至电脑，并在 Photoshop 中打开，如图 3-33 所示。

接着依次单击"图像—调整—曲线—增加对比度（根据照片的实际情况拉动曲线，使黑色更黑，其他部分变白）"，得到的效果如图 3-34 所示。

然后在 AI 中打开图片，依次单击"对象—图像描摹—建立—扩展"，得到的效果如图 3-35 所示。

最后用魔棒工具，选中除文字之外的白色部分，并删除，至此得到文字的矢量图，如图 3-36 所示。

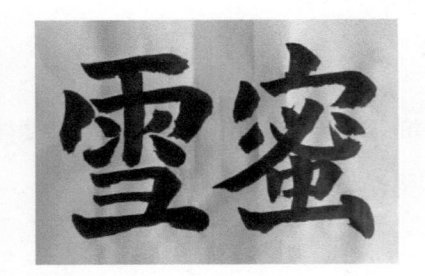

图3-33

图3-34

图3-35

图3-36

对于不适合用毛笔字的包装，可以在 AI 中手写文字，方法如下。

在 AI 中，第一个画笔工具是 5 点圆形，如图 3-37 所示，用手绘板（手绘屏或鼠标都可以）按照笔画顺序写字。

图3-37

点画轨迹（书写时使用的是描边模式，描边可增加粗细程度，以覆盖到中间无空隙为止）如图 3-38 所示。
横画轨迹（书写时使用的是描边模式，描边可增加粗细程度，以覆盖到中间无空隙为止）如图 3-39 所示。

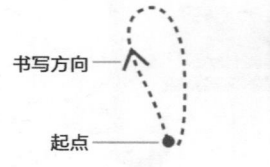

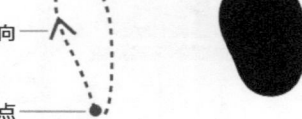

书写方向

起点

起点

图3-38

图3-39

056　做包装：策略定位+视觉设计+印刷制作

撇画轨迹（中间如果有空隙，就补充一笔，填满即可）如图 3-40 所示。

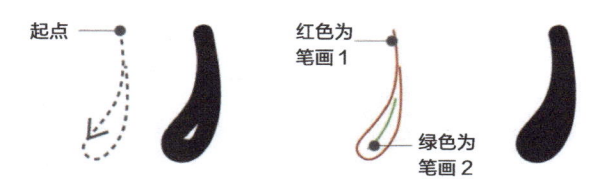

图 3-40

捺画轨迹（中间如果有空隙，就补充一笔，填满即可）如图 3-41 所示。

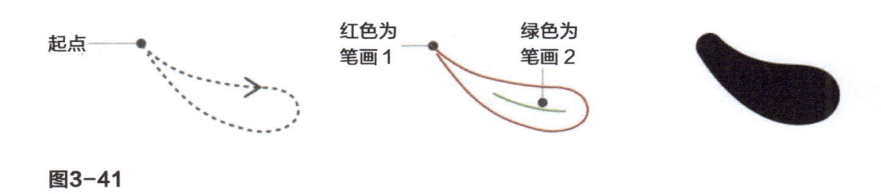

图 3-41

特殊笔画演示：两笔重叠，中间鼓起来，如图 3-42 所示。

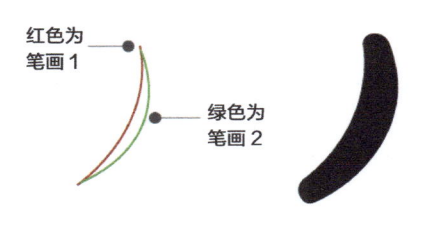

图 3-42

成稿如图 3-43 所示。

图 3-43

03 快速上手的包装设计技能

3.3.2
套索工具

在 Photoshop 中，新建空白文档。设置文档模式：国际标准纸张；大小为 A4；分辨率为 300dpi；颜色模式为 CMYK 模式，如图 3-44 所示。

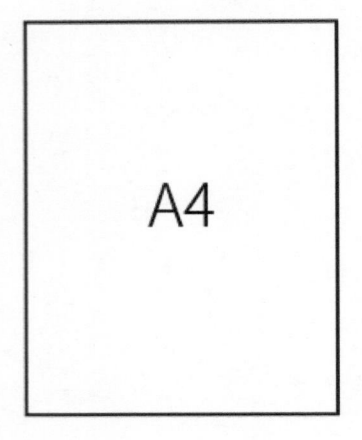

图3-44

横、竖等直线笔画用多边形套索工具绘制，弯曲的笔画用套索工具绘制，如图 3-45 所示。

多边形套索工具　　套索工具
图3-45

用套索工具绘制的笔画如图 3-46 所示。给绘制的笔画填充颜色，操作方法为选择要填充颜色的笔画，依次单击"鼠标右键—填充"，然后在弹出的对话框中选择"前景色"（填充前景色快捷键：Alt+Delete），单击"确定"按钮，得到的效果如图 3-47 所示。

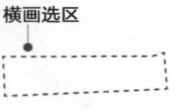

横画选区　　竖画选区　　撇画、点画选区　　竖钩选区

图3-46

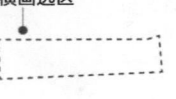

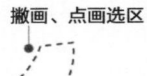

横画填充　　竖画填充　　撇画、点画填充　　竖钩填充

图3-47

笔画呈一边宽一边窄的四边形，如图 3-48 所示。

图3-48

单独字形也呈现一边宽、一边窄的特点，如图 3-49 所示。

图3-49

由于字体较活泼，排版时要大小相间，歪歪扭扭，可根据字形及字数自由发挥，如图 3-50 所示。

图3-50

加一些装饰，如引号、叹号等，如图 3-51 所示。

图3-51

成稿如图 3-52 所示。

图3-52

3.3.3
圆体字/泡泡字

在 AI 中，用钢笔工具创建出基本字形，如图 3-53 所示。

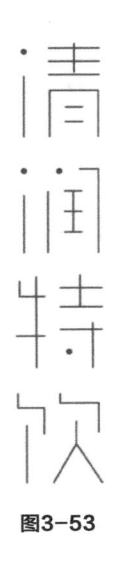

图3-53

图3-54

单击窗口—描边，可按以下要求描边。

粗细：加粗描边；
端点：圆头端点；
边角：圆角连接。

"清"的右上侧部分由于笔画密集，描边可比其他笔画细些，如图 3-54 所示。

03　快速上手的包装设计技能　　059

"特"字的牛字旁转角处，增大圆角半径，如图 3-55 所示，调整结果如图 3-56 所示，"饮"字的调整过程相同，如图 3-57 所示。

用直接选择工具，选中红圈内的锚点，选中后会出现图标◉，拉动此图标，使圆角半径增大。
也可在选中红圈内的锚点后，在上方边角处输入数值，增大圆角半径。

图3-55

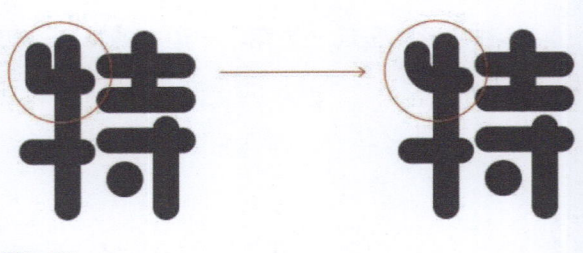

图3-56

图3-57

"特"字和"饮"字在增大圆角半径后的效果更圆润，将其放到整体文字中的效果如图 3-58 所示。

绘制竖钩：先用圆角矩形工具画出一个长条形，如图 3-59 所示。

再用一个长方形和圆形切出钩的形状（将长方形和圆形置于圆角矩形上方，选中三个图形，调出路径查找器面板，选择形状模式：减去顶层），如图 3-60 所示。路径查找器位置：窗口—路径查找器。

选中红圈内的锚点，增大圆角半径，使尖角变得圆润，如图 3-61 所示。

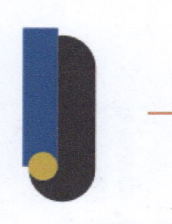

图3-58 　图3-59 　图3-60 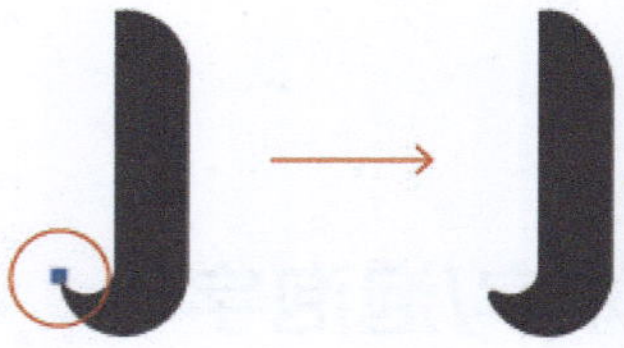　图3-61

在上方属性栏的边角框中输入数字或选中锚点（见图 3-62），向右侧拉动图 3-63 所示的图标。

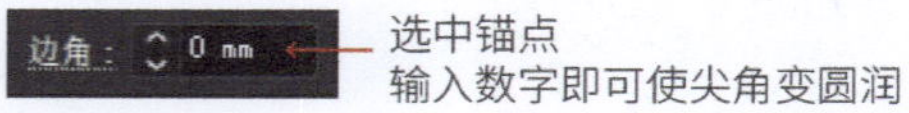

选中锚点
输入数字即可使尖角变圆润

图3-62

图3-63

060　做包装：策略定位+视觉设计+印刷制作

替换竖钩笔画后的效果如图 3-64 所示。

依次单击"对象—扩展",使线条变为图形,如图 3-65 所示。

"清"字和"润"字的三点水旁,用钢笔工具绘制成水滴形,如图 3-66 所示。

选中所有文字,按住"Ctrl+C"键复制,再按住"Ctrl+Shift+V"键原位粘贴,将上面的文字图层改成白色,并锁定(锁定图层快捷键:Ctrl+2;解除图层锁定快捷键:Ctrl+Alt+2),将下面的文字图层描边,加粗描边,并往右、往下移动,使之产生错落感。成稿如图 3-67 所示。

图3-64　　图3-65　　图3-66　　图3-67

3.3.4 改造

原字体效果如图 3-68 所示。

改造之后的字体效果如图 3-69 所示。

图3-68　　图3-69

03　快速上手的包装设计技能　　061

原字体存在的问题是，在放入统一边框后，文字多处有空隙，且不均匀，在少量使用的场景中会产生一种杂乱无章感，如图 3-70 所示。

图3-70

改造字体要先统一文字外轮廓，让文字的整体感更强。由于"碱"字的笔画较多，并且是左右结构，可适当把竖画变细，也可适当增大左右宽度，如图 3-71 所示。

图3-71

原字体有多个重心，并且不统一，缺乏整体感，所以现在要提高重心，并使四个字的重心统一（此处的重心为视觉重心，红点为字体重心），如图 3-72 所示。

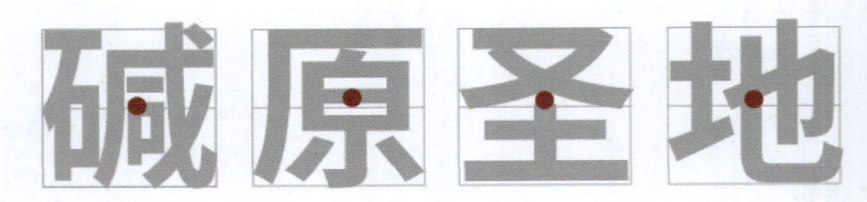

图3-72

在重心趋近于统一后，字体协调、统一，视觉效果更好，如图 3-73 所示。

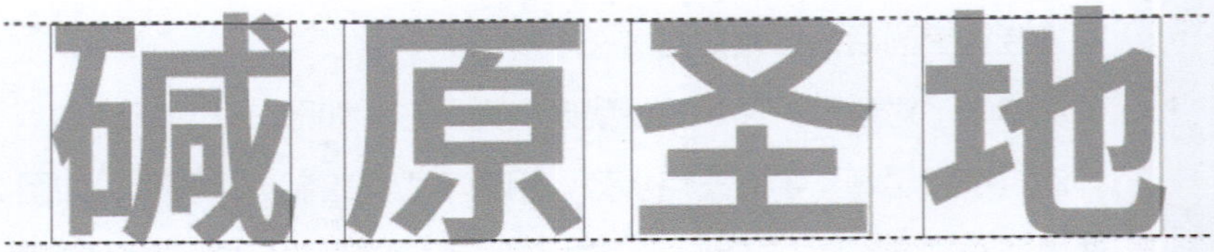

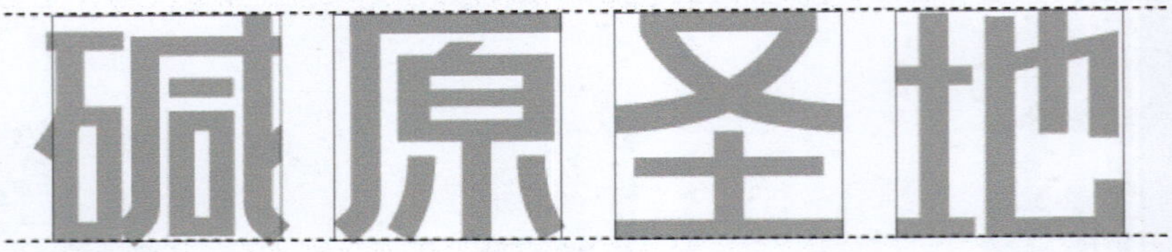

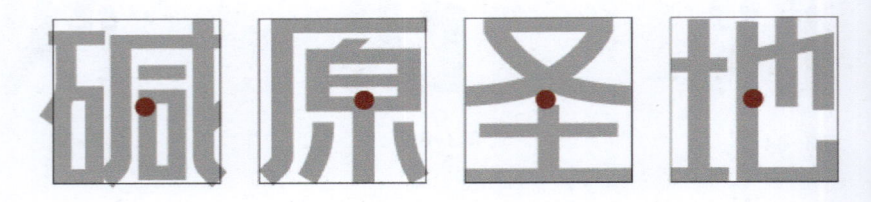

图3-73

"碱"字的调整及对比如图 3-74 所示。

①和③：撇改为竖撇；

②和④：口底对齐；

⑤：精简笔画，不影响阅读；

⑥：撇改为短斜线条，更精炼；

⑦：精简笔画。

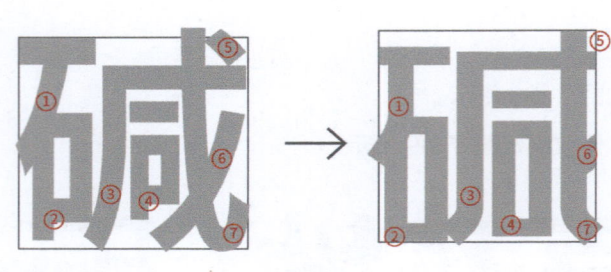

图3-74

"原"字的调整及对比如图3-75所示。

①：撇改为竖撇；

②：小点变斜，左移；

③："日"字变扁（提高重心）；

④：竖钩改成竖，更精简；

⑤：与其他字形协调。

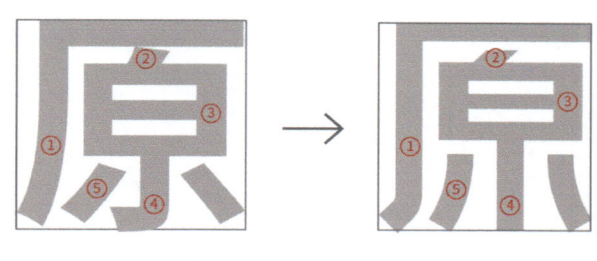

图3-75

"圣"字的调整及对比如图3-76所示。

①：抬高，到顶，与其他字统一高度；

②和③：对称并拉宽；

④：拉宽到左右两边，与其他字的宽度统一。

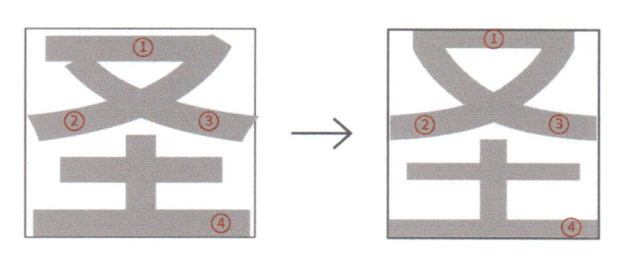

图3-76

"地"字的调整及对比如图3-77所示。

①："土"字拉长，置入框底，提改为横；

②："也"字出头去掉，更精简；

③：竖弯钩改平直；

④：精简笔画；

⑤：弧线收尾改为直线收尾。

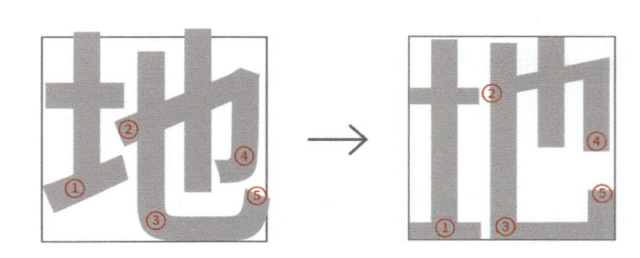

图3-77

　　改造字体的思路总体来说就是：统一文字的外轮廓，使字体更整洁，整体性更好；统一并提高重心，使字体协调、统一、观感好，重心提高会让字体更时尚；精简笔画、减少落差，使烦冗的笔画变得简洁，在不影响阅读的情况下适当精简笔画，使字体更简练、时尚。另外，当某个字的笔画比其他字的笔画多很多时，可酌情改变笔画粗细或增加面积来适配其他字，以免造成拥挤等不美观的情况。

3.4 手绘画面

手绘画面能让产品包装变得有视觉冲击力，是包装设计师最喜欢的表达方法，如图3-78所示。

图3-78

3.4.1 素描画风

做好准备工作就可以开始绘制手稿了，纸张选择打印纸或素描纸均可。草稿尽量画细致，把包装中的细节交代清楚，保证在后期设计和执行中与构思所差无几，如图3-79所示。

把手稿拍照，上传到电脑上，打开Photoshop，把手稿置入新建的画纸上，降低不透明度（不透明度为20%～50%），用手绘板绘制，如图3-80所示。

图3-79

图3-80

新建画纸：纸张大小为 A4 或者 A3，分辨率为 300dpi 或以上，颜色模式为 CMYK 模式。

画笔使用：常规画笔中的硬边圆画笔，如图 3-81 所示。

画笔大小：画笔大小根据画纸大小和画者想呈现的效果决定，没有固定要求，如图 3-82 所示。

其他设置：不透明度与流量设置为 100%，设置任意平滑数值即可，如图 3-83 所示。

色值设置：C、M、Y 均为 0，K 为 100%，如图 3-84 所示。

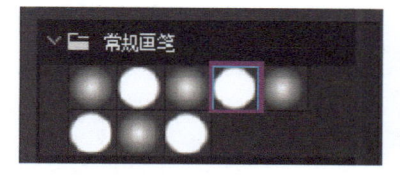

图3-81

图3-82

图3-83

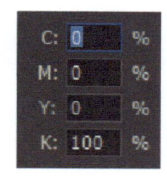

图3-84

特别提示：设计文件要经常保存，这一点非常重要！

起稿：

把草稿垫在下面，开始在电脑上绘制；

先确定位置，此时会纠正一些草稿存在的问题，如图 3-85 所示，为正式绘制做准备；

确定明暗关系及毛发生长方向，如图 3-86 所示。

毛发长短及生长方向要按照动物毛发的生长规律绘制，起笔的时候要重，落笔的时候要轻，如图 3-87 所示。

图3-85

图3-86

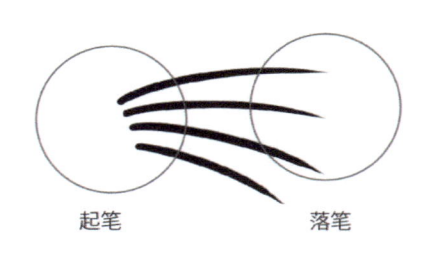

图3-87

03 快速上手的包装设计技能

按照上一步确定的关系，加强明暗，绘制细节，如图3-88所示。

进一步加深暗部的毛发，亮部画一层即可，暗部需要多画几层。需要注意的是，多层毛发加深时要保持方向一致，如图3-89所示。

毛发画法：

一层就是单独的排线，长度与起笔位置不用完全一致，大体一致即可；

两层毛发就是填补空隙，可长短相间；

多层毛发可叠加，但尽量不交叉，可长短相间，如图3-90所示。

图3-88　　　图3-89

一层毛发 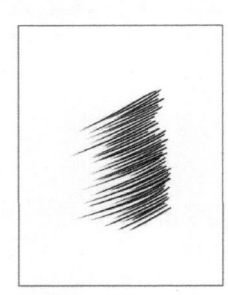　　　两层毛发 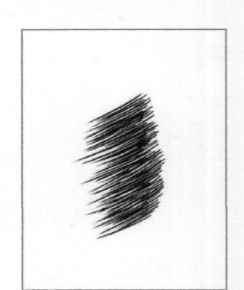　　　多层毛发

图3-90

衣服的绘制要与毛发的绘制有所区别，如图3-91所示。

画笔使用：常规画笔中的柔边圆画笔，如图3-92所示。

画笔设置：不透明度为70%，流量为70%，设置任意平滑数值即可，如图3-93所示。

图3-91 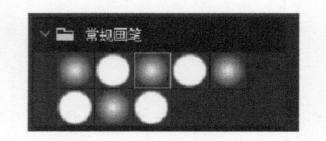　　　图3-92

图3-93

大面积涂色用柔边圆画笔，上面叠加线条，线条的画法如图 3-94 所示。

衣服排线的画法：大色块和线条相叠加，为了突出层次感和质感，与上面的动物毛发衔接，应统一画风；一层排线保持一个方向即可，两层排线可垂直交叉，多层排线再增加任意一个方向的线条，线条的间距、粗细尽量统一。

绘制的成稿如图 3-95 所示。

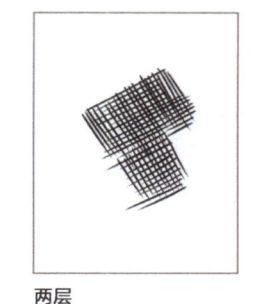

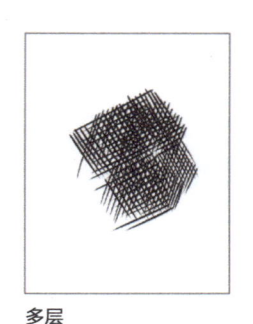

一层　　　　　　两层　　　　　　多层

图3-94　　　　　　　　　　　　　　　　　　　　　图3-95

隐藏背景图层，将成稿存储为 PSD 格式或者 PNG 格式，再到 AI 中进行后续设计。

效果图如图 3-96 所示。

图3-96

03　快速上手的包装设计技能　　067

3.4.2
插画风格

插画风格的手稿绘制与素描画风相同，要交代清楚细节，如图3-97所示。

把手稿拍照，上传到电脑上，打开Photoshop，把手稿置入新建的画纸上，降低不透明度（不透明度为20%～50%），用手绘板绘制。

新建画纸：纸张大小为A4或者A3，分辨率为300dpi以上，颜色模式为CMYK模式。

起稿使用画笔：干介质画笔（其他画笔也可以，笔者习惯在起稿时用这类画笔）。

画笔大小：画笔大小由画纸大小和画者想呈现的效果决定，没有固定要求，如图3-98所示。

其他设置：不透明度与流量设置为100%，设置任意平滑数值即可，如图3-99所示。

干介质画笔的效果是边缘较为毛躁，可画出铅笔的肌理，如图3-100所示。

图3-97

图3-98　　图3-99　　图3-100

绘制第一遍草稿

在画草稿时，可多用直线来绘制，把圆形、椭圆形等形状用直线切出来，会更容易把控；不用害怕线多、线乱，多画几笔，就能画出你想要的线条。

这一步的目的是调整在纸上画的草稿，根据整体效果来调整位置、大小关系等，所以画出来的效果和纸上的草稿有些出入是正常的，如图3-101所示。

图3-101

将第一遍草稿降低不透明度，如图 3-102 所示。

绘制第二遍草稿

绿色线条为第二遍草稿，灰色线条为第一遍草稿，如图 3-103 所示。

第二遍草稿的效果要求更精准，细节更多，确定光影位置，如图 3-104 所示。

图3-102

图3-103

图3-104

特别提示：各个图层要准确命名，方便查询；把不用的图层锁定或者转换为智能对象，以免画错图层。

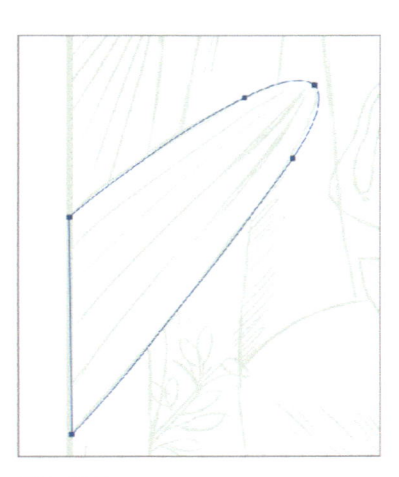

接下来开始正式绘制：新建图层（每个形状都是单独的图层，以便后面画细节），先画出每个部分的基本形状，填充上固有色。可以使用画笔直接画出颜色，也可以用钢笔工具填充颜色：先用钢笔工具绘制形状，如图 3-105 所示；再选中新建图层，依次单击鼠标右键—填充路径，效果如图 3-106 所示。

图3-105

图3-106

03 快速上手的包装设计技能　069

在刚填充颜色的图层上方再新建图层（当图层较多时，需要给每个图层重命名。图层重命名方法：双击图层名称，输入新的图层名称即可），如图3-107所示。

创建剪贴蒙版，在上面图层红框的位置，依次单击鼠标右键—创建剪贴蒙版，如图3-108所示。

图3-107

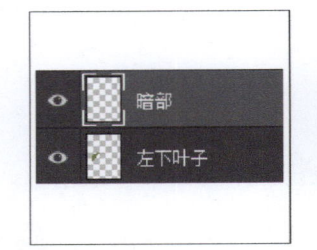

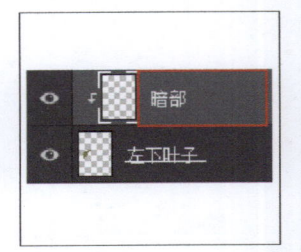

图3-108

载入画笔（后续绘制细节所用的画笔），在选择画笔工具后，单击鼠标右键，出现图3-109所示的界面。

单击图3-109所示界面右上角的齿轮图标，如图3-110所示。

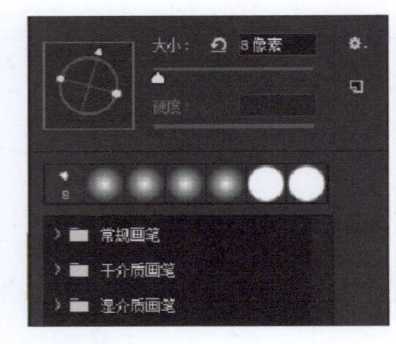

图3-109

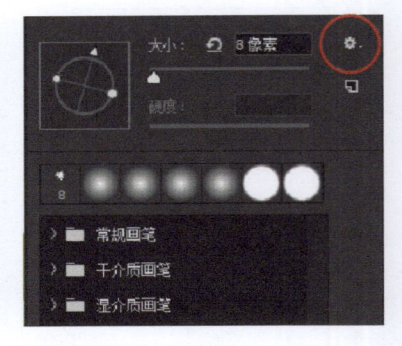

图3-110

选择旧版画笔，如图3-111所示。

单击"确定"按钮，如图3-112所示。

依次单击"旧版画笔—默认画笔"，找到喷枪画笔，如图3-113所示。

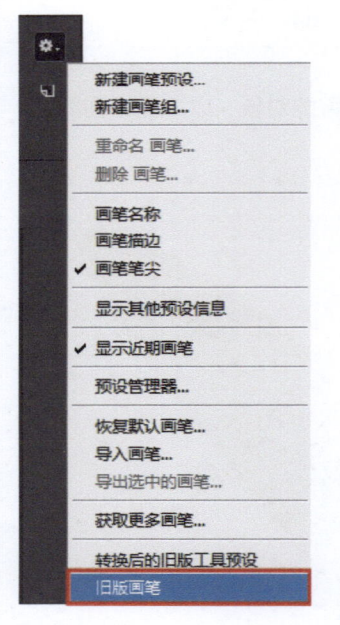

图3-111

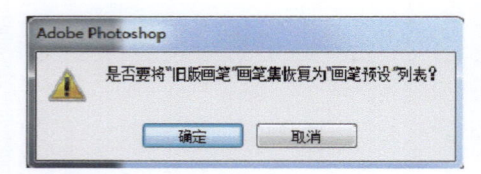

图3-112

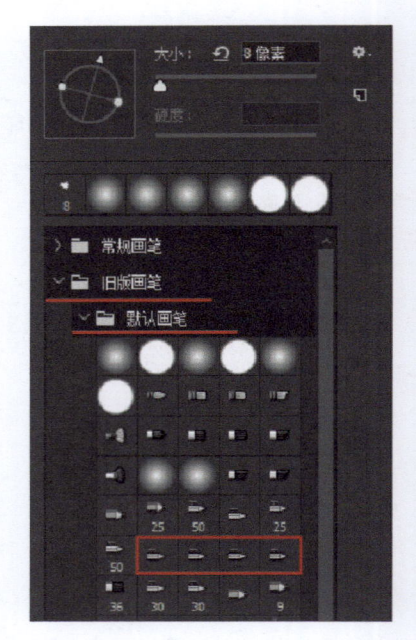

图3-113

绘制细节使用的画笔如图 3-114 所示。

画笔 1：喷枪柔边低密度颗粒。

画笔 2：喷枪硬边低密度颗粒。

画笔 3：喷枪硬边高密度颗粒。

画笔 4：喷枪柔边高密度颗粒。

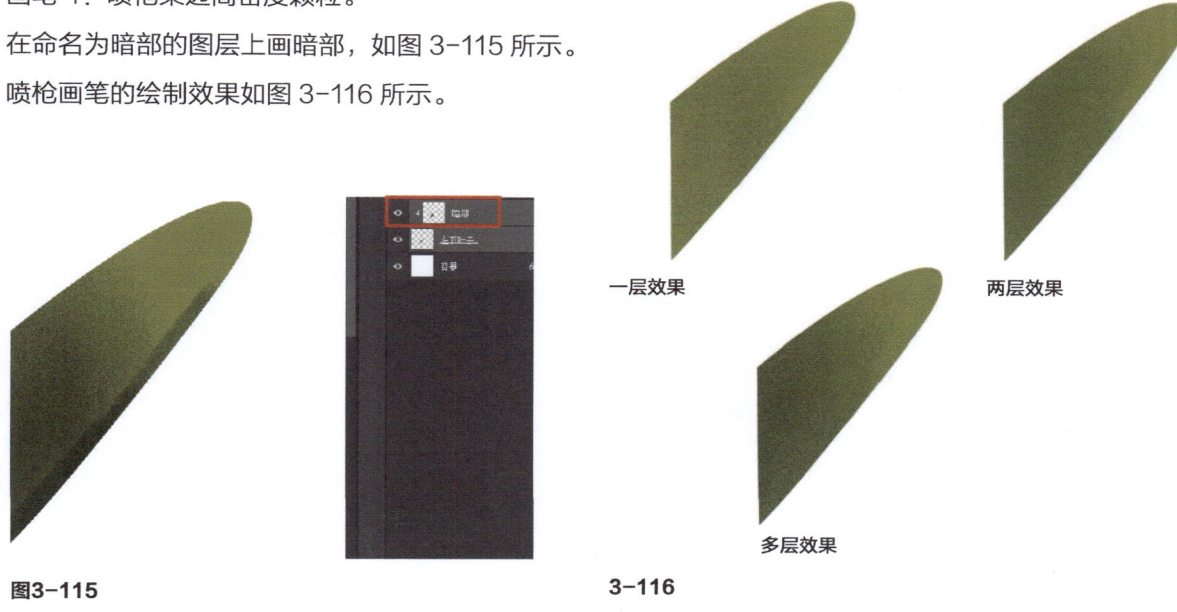

在命名为暗部的图层上画暗部，如图 3-115 所示。

喷枪画笔的绘制效果如图 3-116 所示。

图3-114

一层效果　　两层效果

多层效果

图3-115　　3-116

在使用喷枪画笔时，点按或者拖动画笔都可以；画笔越大，噪点就越大；画笔越小，噪点就越小。用笔的轻重决定绘制的效果，需要多加尝试才能绘制出想要的效果。

在命名为亮部的图层上画亮部，如图 3-117 所示。

在命名为叶脉的图层上画叶脉，如图 3-118 所示。

图3-117　　图3-118

03　快速上手的包装设计技能　　071

用以上方法绘制的其他物体如图 3-119 所示。

图3-119

快速选择图层有两个技巧。

在使用移动工具时，勾选软件界面左上角的"自动选择"复选框，如图 3-120 所示，能快速选中想要的图层。

图3-120

在使用其他工具时，按住 Ctrl 键，同时单击相应的图层，即可快速选中该图层。

成稿如图 3-121 所示。

图3-121

072　做包装：策略定位+视觉设计+印刷制作

产品包装效果图如图 3-122、图 3-123 所示。

图3-122

图3-123

3.4.3
版画风格

手稿可以直接在电脑上绘制，不必每次都在纸上起稿。在电脑上绘制的手稿如图3-124所示。

在电脑上起稿的方法及笔的设置，可参考上一节的内容。在电脑上绘制的草稿如图3-125所示。

图3-124

图3-125

正式绘制时的选择画笔及画笔设置如下。

选择画笔：选择常规画笔中的硬边圆压力大小，如图3-126所示。

画笔设置：不透明度为100%，流量为100%，平滑设置为10%～40%，如图3-127所示。

平滑具有矫正线条的作用。平滑数值大，线条就更规整；平滑数值小，线条就会抖动、不规则。设计师可根据想要的效果设置平滑数值，如图3-128所示。

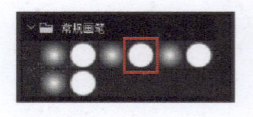

图3-126

图3-127

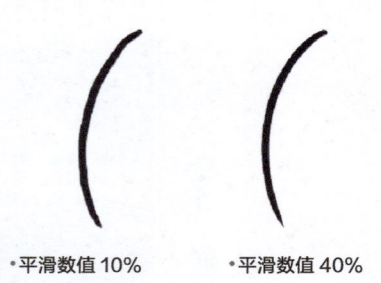

·平滑数值10%　·平滑数值40%

图3-128

先画外轮廓及阴影。

将草稿降低不透明度并锁定（以免画到草稿上），新建图层，画外轮廓及阴影，如图3-129所示。

封闭需要填充颜色的地方的线条（未封闭的线条会影响后续填色），如图3-130所示。

填充暗部及阴影。方法一：直接用画笔填充，效果如图3-131所示。

• 封闭的线条   • 未封闭的线条

图3-130

方法二：使用渐变工具中的油漆桶工具填充（线条需要封闭，如果线条不封闭，则不能精准地填充），如图3-132所示。

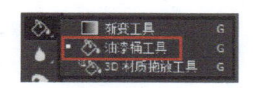

图3-129   图3-132    图3-131

不透明度设置为100%，如图3-133所示。容差要尽量大（容差大小由画面大小决定，没有固定数值），如图3-134所示。

• 容差值200   • 容差值30（容差不够就会导致有空隙，填不满）

图3-133   图3-134

画细节（以画小山为例）：先确定外轮廓与暗部，如图3-135所示；再画细节及其与暗部的衔接，如图3-136所示。

• 1. 确定外轮廓   • 2. 确定暗部（暗部线条加粗）及画上阴影   • 3. 画细节   • 4. 画细节与暗部的衔接

图3-135   图3-136

03 快速上手的包装设计技能   075

线条的绘制要求是一笔画线，不接线，不描线。流畅的线条或抖动的线条均可，如图3-137所示。

排线要均匀，如图3-138所示。

线条不交叉（暗部和阴影除外），图3-139所示为错误示范。

暗部重，灰部轻，如图3-140所示。

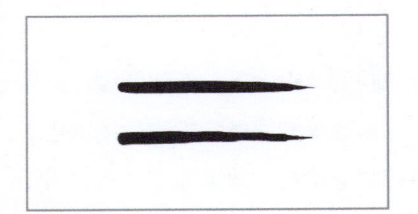

图3-137

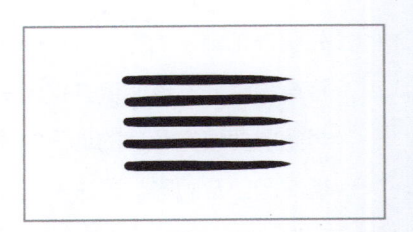

图3-138

图3-139

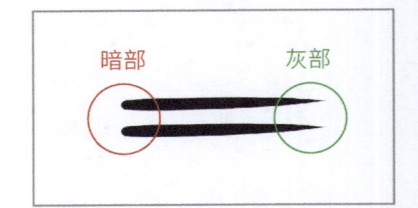

图3-140

高光部位空白，如图3-141所示。

线条走向要跟随物体形状的变化，如图3-142所示。

成稿如图3-143所示。

图3-141

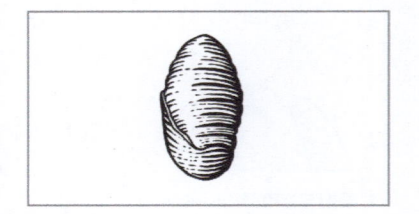

图3-142

图3-143

产品包装效果图如图 3-144 和图 3-145 所示。

图3-144

图3-145

03 快速上手的包装设计技能

和笔者一样习惯在纸上绘制草稿的设计师，可以用提线的方法把手稿提取出来进行应用。提线的方法有很多种，本书只介绍一种，此方法是非常高效的提线方法。

对手稿拍照，并上传到电脑上，如图3-146所示。

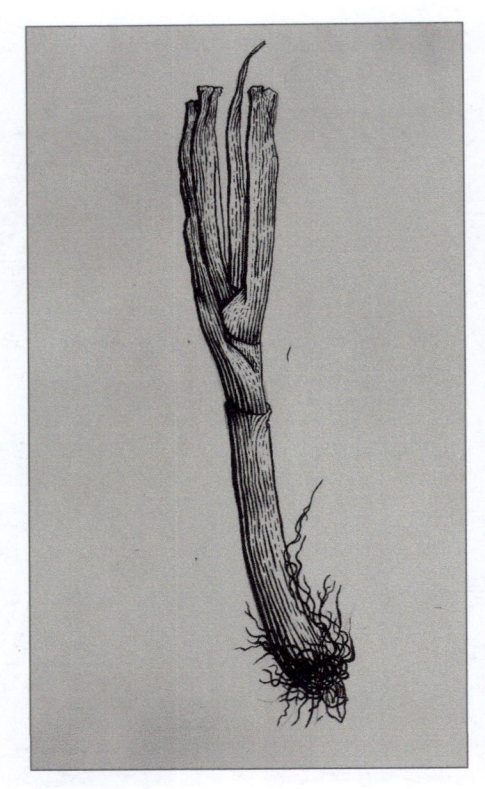

图3-146

用Photoshop打开手稿照片，并复制图层（快捷键：Ctrl+J），如图3-147所示。

依次选择"图像—调整—去色"（快捷键：Ctrl+Shift+U），如图3-148所示。

再依次选择"图像—调整—曲线"（快捷键：Ctrl+M），如图3-149所示。

图3-147

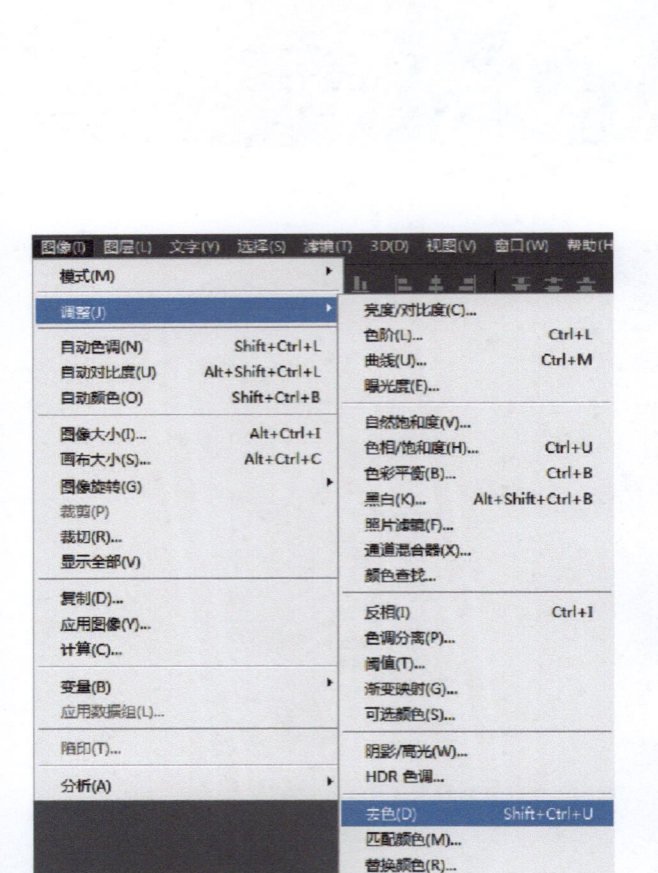

图3-148

图3-149

用鼠标拖动曲线的两点，让其呈 S 状，目的是让灰的地方变白，让黑的地方更黑。默认曲线如图 3-150 所示。

拖动曲线的两点，让其呈 S 状（可多次重复此动作，达到自己想要的效果），如图 3-151 所示。

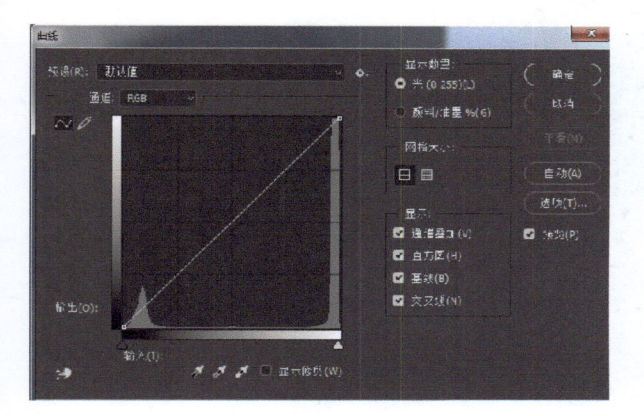

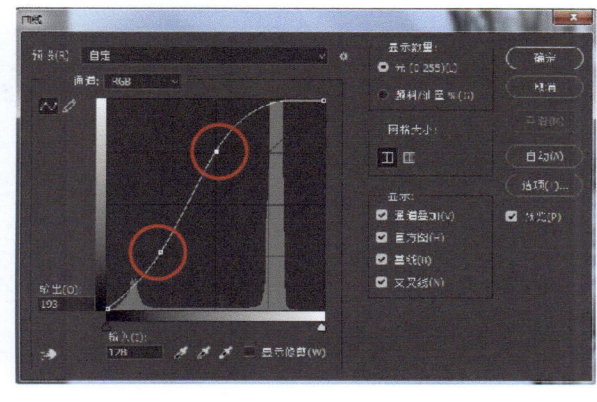

图3-150

图3-151

调整曲线后的效果如图 3-152 所示。

全选并复制调整曲线后的效果图（单击全选后，画面的外边缘会出现一圈虚线），如图 3-153 所示。

单击下方蒙版，如图 3-154 中"1"的位置所示，图层后面会出现一个蒙版标签，如图 3-154 中"2"的位置所示。

按住 Alt 键，在图层蒙版上单击（见图 3-155 中的方框），进入蒙版。

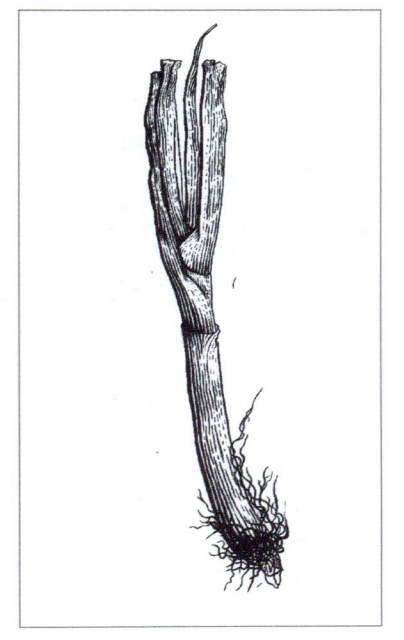

图3-152

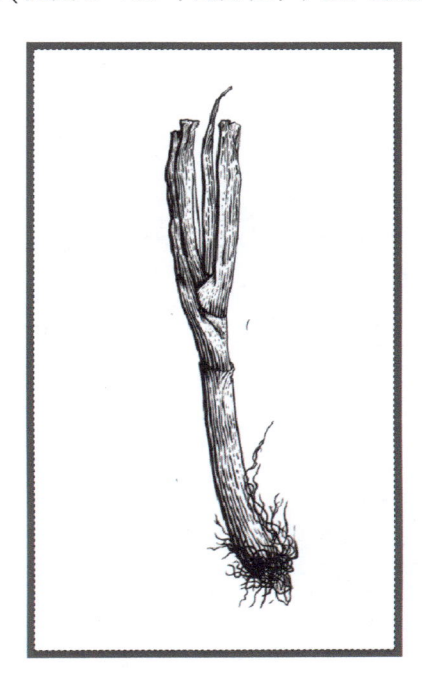

图3-153

图3-154

图3-155

在蒙版内，原地粘贴、保存选中的图层，原地粘贴后的图层及画面如图3-156所示。

反选图层（快捷键：Ctrl+I），反选后的图层及画面如图3-157所示。

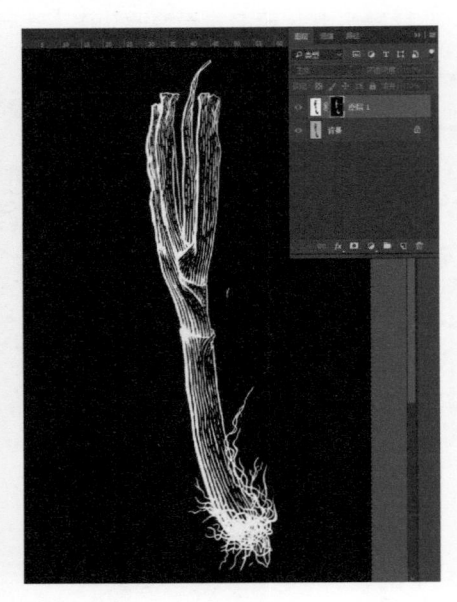

图3-156

图3-157

双击图3-158中的方框处，打开"图层样式"对话框。

勾选"颜色叠加"复选框（进入颜色叠加页面需要单击图3-159中的"1"位置），右侧颜色框中可随意调节颜色（见图3-159中的"2"位置），画面色彩会随着调节做相应的改变，最后单击"确定"按钮，如图3-159中的"3"位置所示。

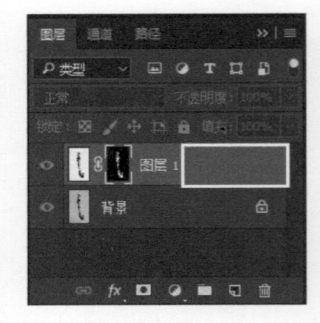

图3-158

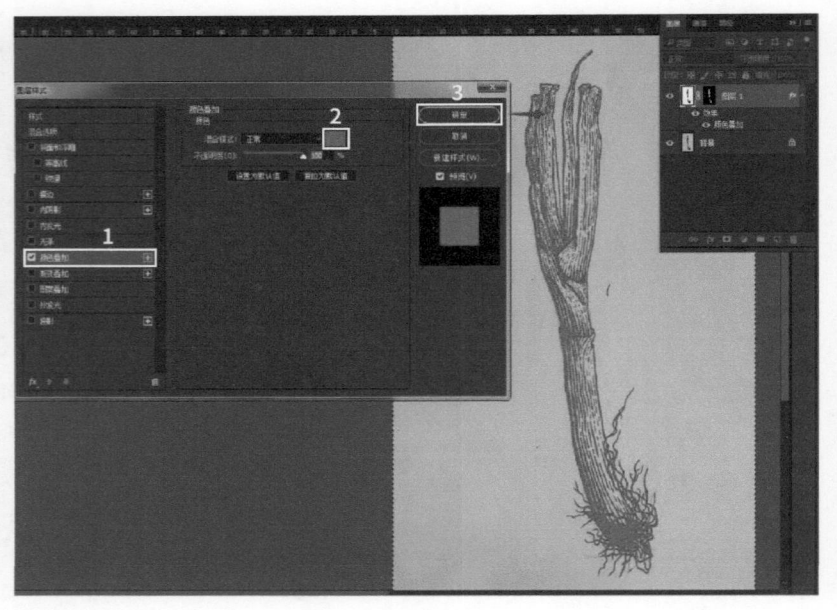

图3-159

在图层蒙版后面的空白处（见图 3-160 中的方框处），单击鼠标右键，在弹出的快捷菜单中选择"栅格化图层样式"，如图 3-161 所示。

栅格化图层样式后的图层如图 3-162 所示。

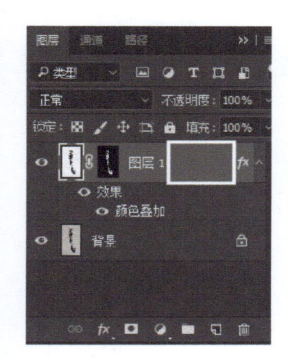

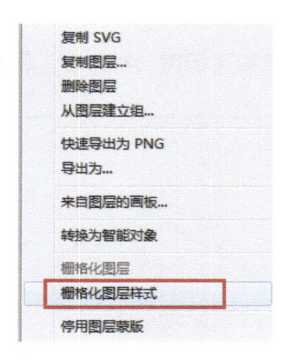

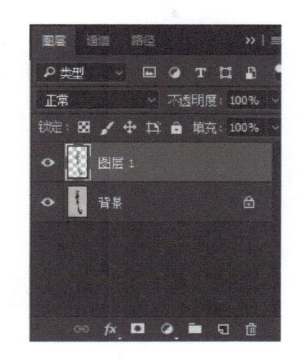

图3-160

图3-161

图3-162

此时隐藏背景图层，画面线稿就成功提取出来了。

隐藏背景图层：关掉背景图层的眼睛形状图标，则可隐藏背景图层，如图 3-163 所示。

在"图层"面板中，锁定透明图层（见图 3-164 中右侧的方框处），可填充任意颜色。

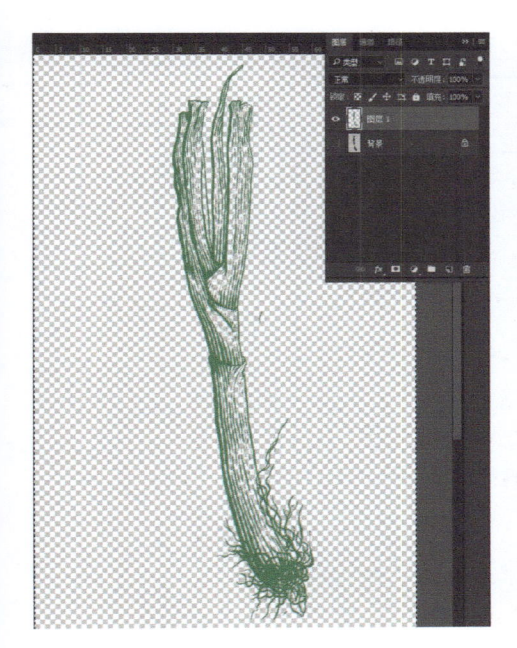

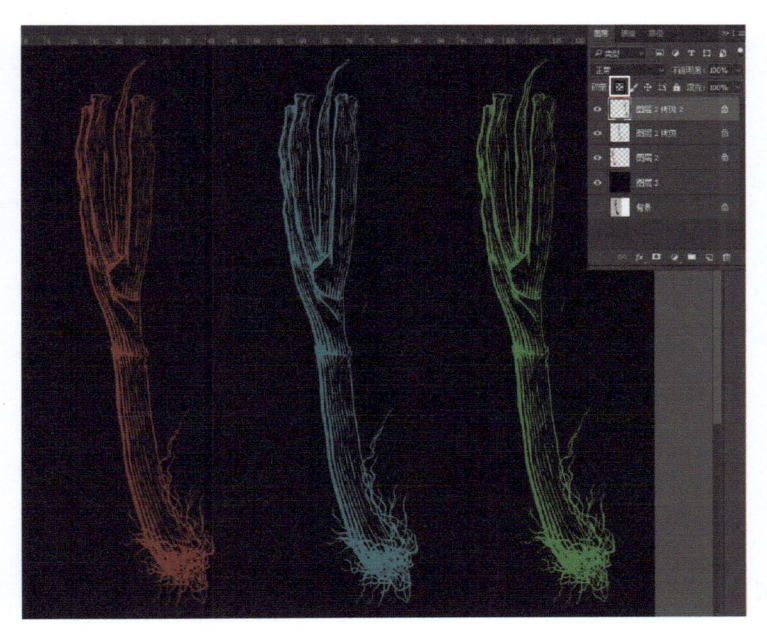

图3-163

图3-164

此提取线稿的方法由赵震北老师提出，特此感谢！

03 快速上手的包装设计技能

3.4.4
AI插画

绘制草稿，如图 3-165 所示。草稿绘制及画笔在前面几个画风中有详细介绍。

画线稿：打开 AI 软件，把草稿放在新建图层的下面，降低不透明度，用钢笔工具画线稿，如图 3-166 所示。

图3-165

图3-166

以画小树为例，介绍画线稿的技巧及要点。

线条需要闭合（方便填色），如图3-167所示；

在一幅画中，线条粗细要统一，如图3-168所示；

线条要流畅（特殊要求除外），如图3-169所示；

当线条有重叠时，需要删除后面的线，如图3-170所示。

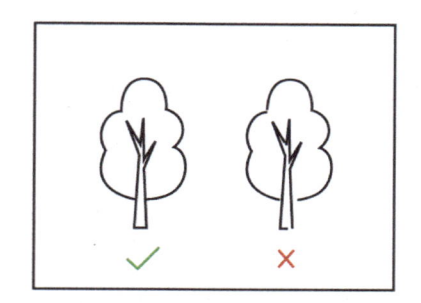

图3-167

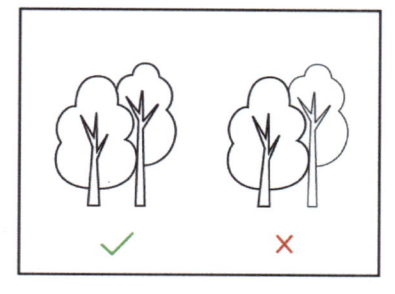

图3-168

图3-169

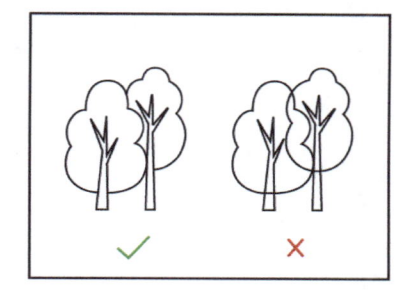

图3-170

常用的描边方法如下。

依次选择"窗口—描边"，则可调出"描边"面板（快捷键：Ctrl+F10），如图3-171所示。

描边粗细：可调节线条的粗细，如图3-172中的方框处所示。

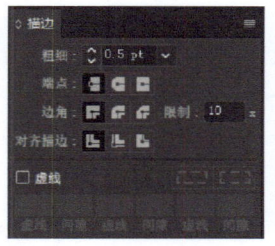

图3-171

图3-172

粗细：0.25　粗细：0.5

端点：可调节线条的端点形状，常用平头端点与圆头端点，如图3-173中的方框处所示。

边角：可调节线条连接角的形状，如图3-174中的方框处所示。

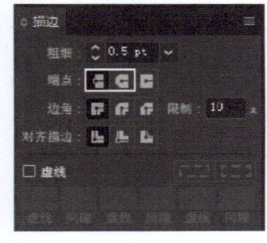

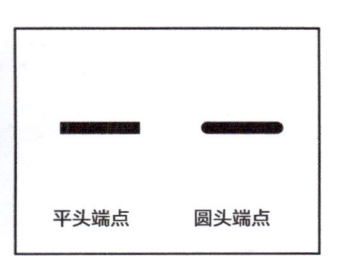

图3-173

平头端点　圆头端点

图3-174

斜街连接　圆角连接　斜角连接

03　快速上手的包装设计技能　083

当用钢笔工具画线时，按住 Ctrl 键，在空白处单击，即可结束绘制当前线条。

切换填充与描边的快捷键为 Shift+X。

填充基本颜色（以下面部分画面为例）：

选择工具栏中的实时上色工具（快捷键：K），如图 3-175 所示；

选中线稿（线稿在被选中时如图 3-176 所示）。在上色前，可以另存一份线稿。

图3-175 　　　　　　　　　图3-176

在线稿被选中后，单击实时上色工具，建立"实时上色"组，然后移动鼠标到要填充的区域，该区域会出现一个红框，单击即可对该区域进行上色，如图 3-177 所示。

实时上色效果如图 3-178 所示。

图3-177 　　　　　　　　　图3-178

吸色方法：在选择上色工具时按住 Alt 键，此时工具会变成吸管，用鼠标单击某一处的颜色，则可吸取该颜色，然后进行填充。

填充细节颜色（以下面部分画面为例）：

选中画面，打开"扩展"面板，勾选"对象"复选框，单击"确定"按钮，如图 3-179 所示。

用直接选择工具（见图 3-180）选中某一色块，然后复制、原位粘贴。

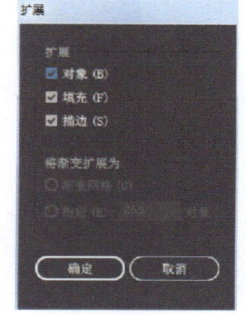

图3-179　　　　图3-180

单击上面的色块，用橡皮擦工具（快捷键：Shift+E）擦除一部分，如图 3-181 所示。

然后选中色块剩余的部分，改变其颜色，如图 3-182 所示。

再重复以上动作，得到的效果如图 3-183 所示。

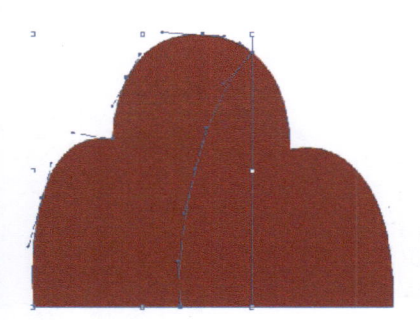

图3-181　　　　图3-182　　　　图3-183

改变橡皮擦的大小：在使用橡皮擦工具且输入法为英文时，用大小括号则可改变橡皮擦的大小。

填充细节的效果如图 3-184 所示。

图3-184

03　快速上手的包装设计技能　　085

画面整体效果如图 3-185 所示。

图3-185

产品包装效果图如图 3-186 所示。

图3-186

086　做包装：策略定位＋视觉设计＋印刷制作

3.4.5
写实画风

打开 Photoshop，新建画纸：纸张大小为 A4，分辨率为 300dpi 或以上，颜色模式为 CMYK 模式。

新建图层，用钢笔工具画出基本形状，填充颜色，如图 3-187 所示。

图3-187

在刚填充颜色的图层上面再新建图层，将鼠标放置在方框处，单击鼠标右键，创建剪贴蒙版，如图 3-188 所示。

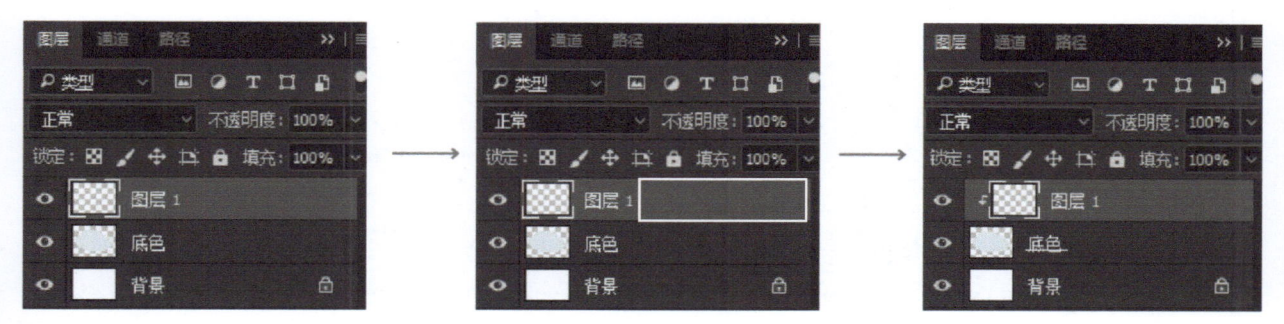

图3-188

光影画笔选择及设置如下。

画笔：选择常规画笔中的柔边圆压力大小，如图 3-189 所示。

画笔大小：尽量大（能覆盖住半个图形，画笔大小没有固定数值，根据实际情况选择），如图 3-190 所示。

不透明度和流量：30%～50%，如图 3-191 所示。

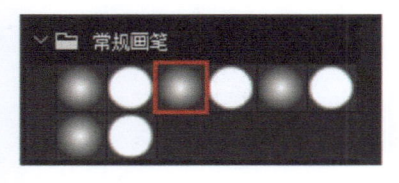

图3-189 　　图3-190 　　图3-191

画光影 1：

在图层的剪贴蒙版上，选取稍暗一点的颜色，沿着虚线部位轻扫，虚线部位为亮部，颜色更淡，如图 3-192 所示。

图3-192

画光影 2：

再新建图层，建立剪贴蒙版；

选取稍暗一点的颜色，画笔稍小一点，将不透明度和流量调小；

沿着虚线部位轻扫（注意：此时虚线所在的位置比画光影 1 时的位置更靠外，面积更小），如图 3-193 所示。

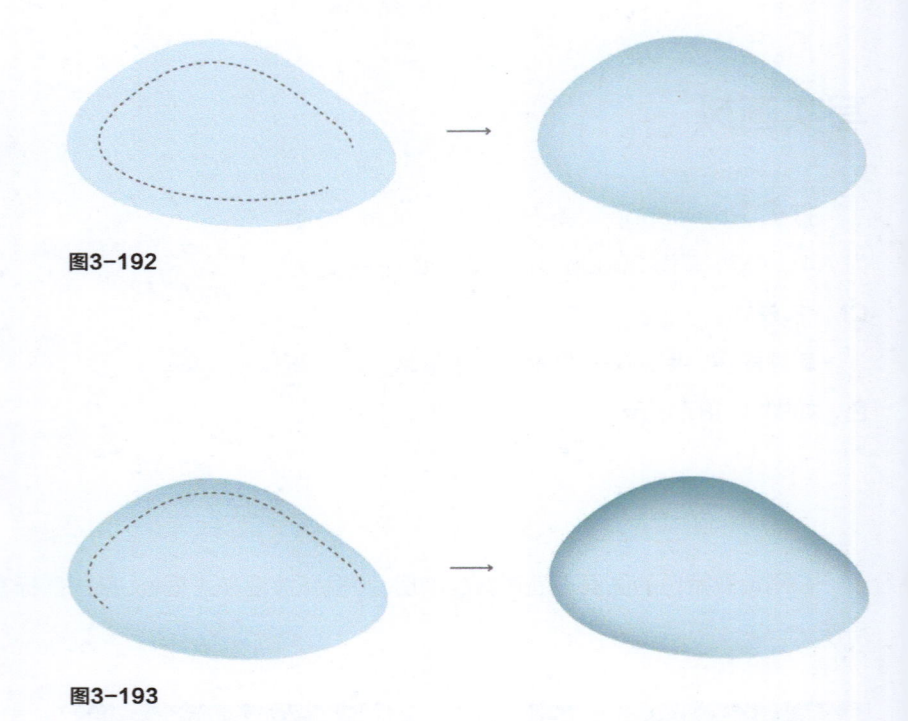

图3-193

画光影 3：

重复上面的动作，新建图层，建立剪贴蒙版；

选取更暗一点的颜色，画笔再小一些，将不透明度和流量再调小；

沿着虚线部位轻扫（注意：此时虚线的位置比画光影 2 时的位置更靠外，面积更小），如图 3-194 所示。

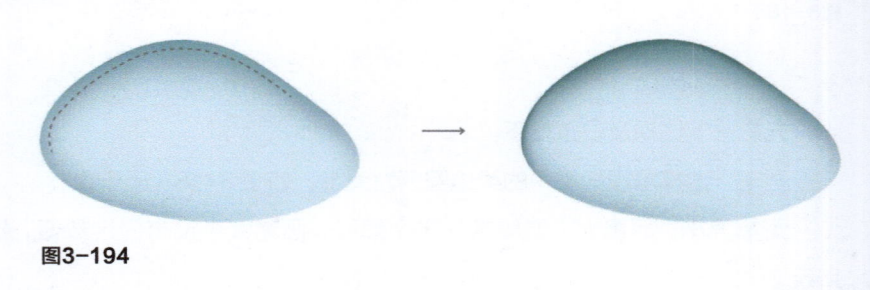

图3-194

新建图层，用钢笔工具画出形状，填充白色，如图 3-195 所示。

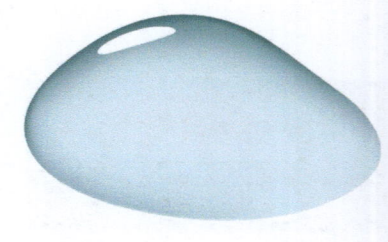

图3-195

在白色块上方再新建图层，建立剪贴蒙版，沿着虚线位置画白色块的光影，如图 3-196 所示。

图3-196

新建图层，用钢笔工具画出形状，填充白色，降低不透明度到 50%，两个边角用橡皮工具稍微擦除一些，如图 3-197 所示。

新建图层，用钢笔工具画两条表达高光的线条，填充白色，然后依次选择"滤镜—模糊—高斯模糊"，降低不透明度到 30%～50%，如图 3-198 所示。

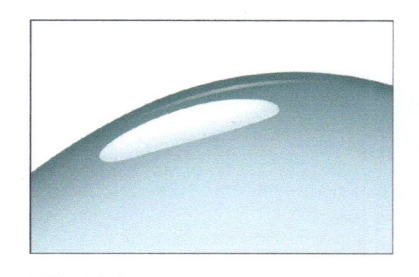

图3-197

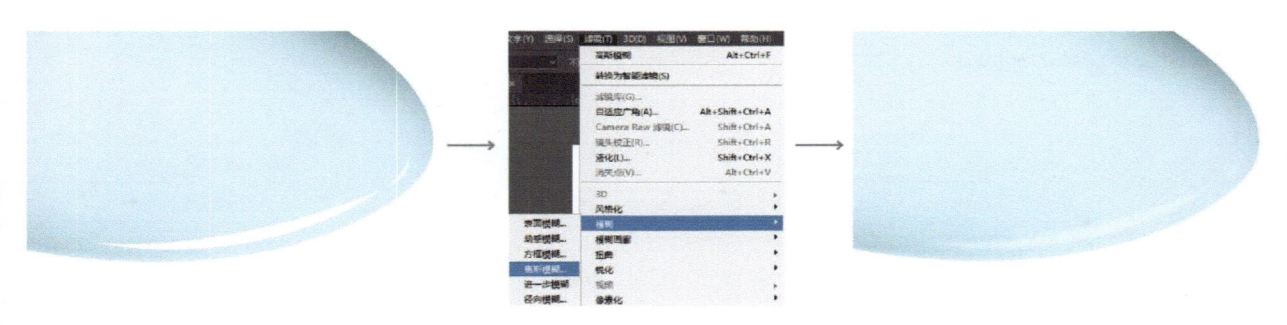

图3-198

画投影：新建图层，把该图层放置在所有图层最下面，先用钢笔工具画出形状，再用画笔工具涂颜色，中间重，两边轻，如图 3-199 所示。

选中投影层，依次选择"滤镜—模糊—高斯模糊"，效果如图 3-200 所示。

整体效果如图 3-201 所示。

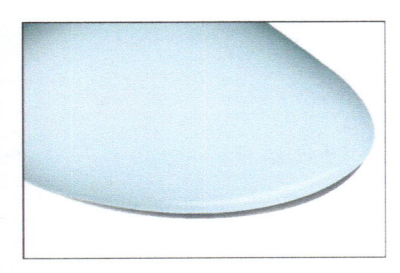

图3-199

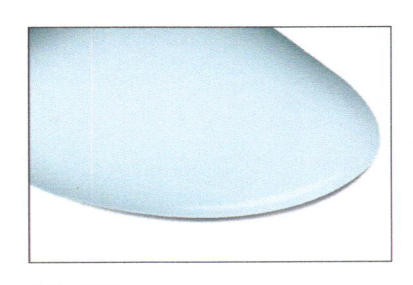

图3-200

图3-201

在绘画过程中，当图层很多时，需要给每一个图层重命名，方便查找，如图3-202所示。

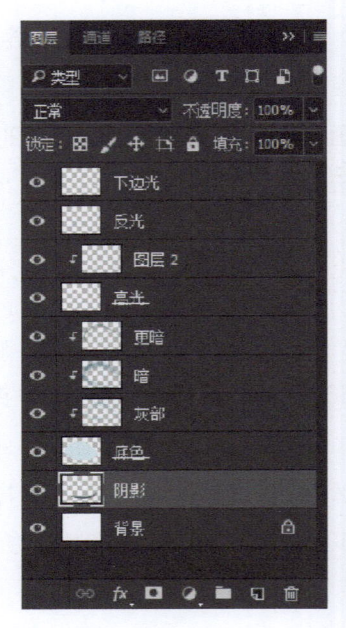

图3-202

产品包装效果图如图3-203所示。

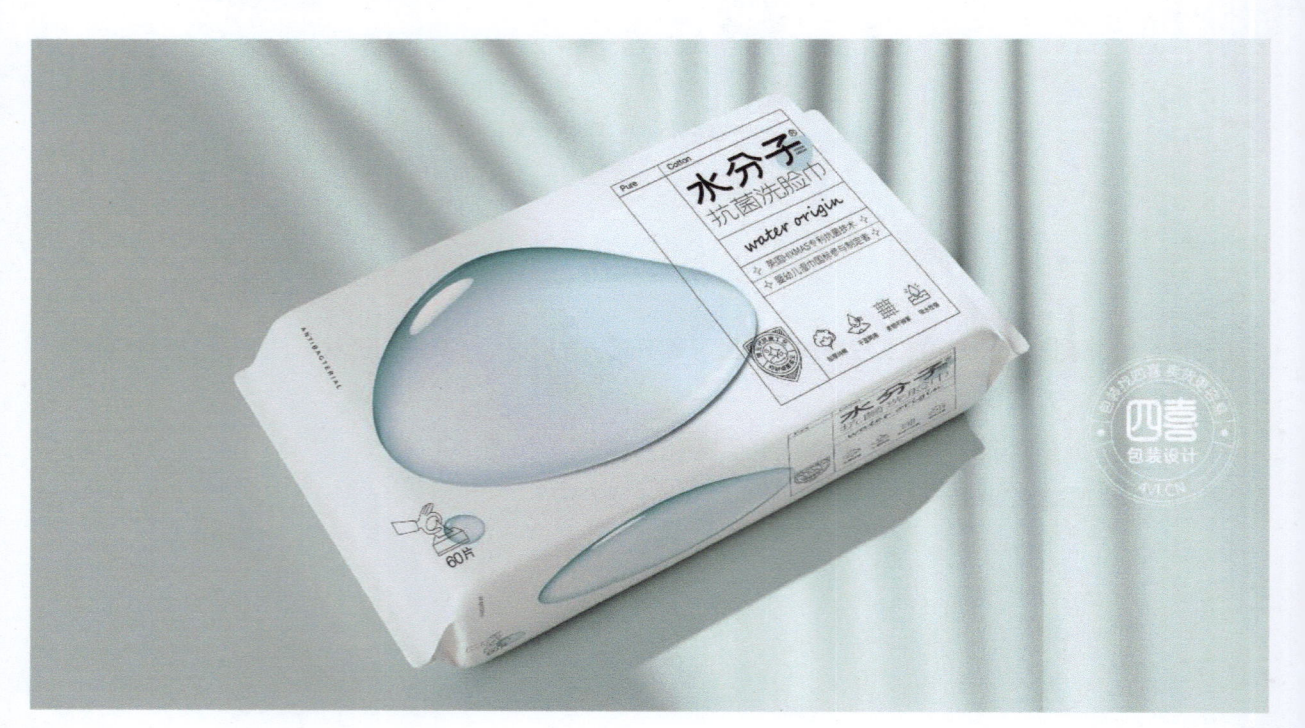

图3-203

包装来源：四喜包装设计。

3.5
实物摄影

实物摄影的难度很大，既需要硬件设备的支持，又需要丰富的摄影知识。包装上用到的实物摄影技巧很难在短时间内被初学者掌握。这里介绍的仅为设计师在不得不自己拍摄的情况下采用的简易摄影技巧，用最简单的方式拍摄出可以用的照片，如图3-204所示。想要拍出精益求精的照片，我们还需要共同学习。笔者使用的相机是富士X100T旁轴相机，参数设置仅供参考。

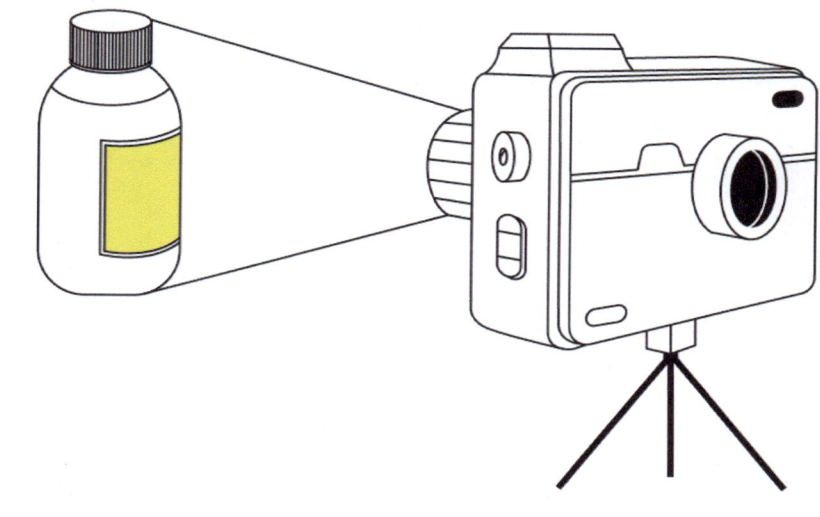

图3-204

3.5.1
场景摄影

场景摄影拍摄的目标物是自然景观或建筑。由于不需要灯光布置，场景摄影的难度相对较小。作为摄影的初学者，我们需要搞清楚以下几个基本参数的工作原理。

1. 光圈

光圈控制镜头的进光量，在相机上用 F 表示，直接影响成像的景深。

F 后面的数字越小（光圈使用 2.8），进光量越大，景深越浅，背景越虚，如图 3-205 所示。

图 3-205

F 后面的数字越大（光圈使用 8），进光量越小，景深越深，背景越清晰，如图 3-206 所示。

图3-206

2. 快门

快门是相机拍摄时的速度，快门越快，越能抓拍移动物体的细节。在大多数情况下，初学者在拍摄产品时不需要拍摄高速移动的物体，所以很少使用高速快门。高速快门会导致照片变暗，初学者很难掌握其使用要领。在光线充足的情况下，1/500s 的快门已经能捕捉到水流动的部分细节，如图 3-207 所示。

图3-207

3. 感光度（ISO）

感光度是相机感光元件对光线的敏感程度，增加 ISO 数值可以增加照片的亮度。感光度对成像的主要影响是：感光度越低，照片越清晰，但比较暗；感光度越高，图像会出现模糊和噪点，但照片会变亮。在拍摄产品时，首先应该用灯光调整环境的亮度，不要盲目增加 ISO 数值，通常 ISO 数值不会超过 400。

4. 曝光补偿等其他参数

曝光补偿在当前参数设置条件下，能够让照片变得更亮或者更暗。设计师可以尝试使用，但通过实践，笔者认为用灯光来调整环境亮度的难度更小。

相机的其余参数，如白平衡、ND 滤镜、饱和度、对比度等，对设计师的经验要求较高。笔者建议应维持相机的默认参数，尝试使用光圈、快门、感光度三个基础参数进行摄影的入门练习。

在进行场景摄影时，无论是拍横版照片，还是拍竖版照片，相机都要尽量保持水平，尽量不要与底面产生夹角。由于场景摄影对景深要求不高，光圈 5.6 在实际拍摄中很常用。图 3-208 所示为使用光圈 5.6、快门 1/125s、ISO 200 拍摄的照片。

图3-208

若需要让照片的前景或背景虚化，可以将光圈数值调小，使用手动对焦模式。

3.5.2
产品特写

在拍摄产品特写时,相机要尽量靠近被拍摄产品,画面中不要出现不必要的阴影。拍摄设备建议使用三脚架和快门线,避免相机晃动导致虚焦。为了拍摄清楚产品的细节,一般需要布置光源,初学者用单点光源的方式最容易上手,光源应布置在相机斜后方,如图3-209所示。光源的高度要高于相机,避免出现人影。如果光源的亮度不能调节,就通过调整其距离相机的远近来调整亮度。

目标物

图3-209

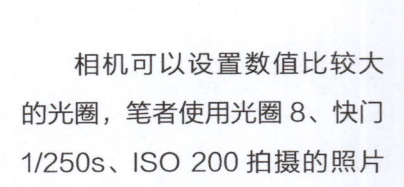

相机可以设置数值比较大的光圈,笔者使用光圈8、快门1/250s、ISO 200 拍摄的照片如图3-210所示。

图3-210

3.5.3
产品陈列

拍摄产品陈列使用两点光源，两点光源应布置于拍摄目标物两侧 45°的地方，如图 3-211 所示。主光源用于照亮目标物，辅助光源用于调整明暗关系，帮助主光源塑造目标物的立体形态，同时避免暗部在阴影之下不能被识别。

图 3-211

初学者在拍摄时可以将静物台靠近窗边，用自然光源作为主光源，用一盏灯作为辅助光源。由于产品拍摄需要抠图和精修，所以可以不考虑背景光线，以及相机与地面的水平关系，通过倾斜相机获得包装上预期的图片角度，减少制造倾斜的道具需要抠图造成的工作量。

相机参数设置：F2.8，快门 1/125s，ISO 400。使用这样的相机参数拍摄的照片如图 3-212 所示。

图 3-212

在自然光线下拍摄产品陈列，要根据实际拍摄环境决定是否增加光源，调整明暗反差，当暗部不能看清细节的时候，就要果断补光。

相机参数设置：F5.6，快门 1/150s，ISO 200。用这样的相机参数拍摄的照片如图 3-213 所示。

图3-213

3.5.4
人像摄影

人像摄影尽量使用纯色背景，通过调节光圈来适应光线环境，不要让景深影响你对光圈的判断。光源布置通常比较复杂，用三点甚至四点光源布置拍摄场景，有时辅助光源会用反光板替代，第四点光源指的是拍摄时的闪光灯，如图 3-214 所示。

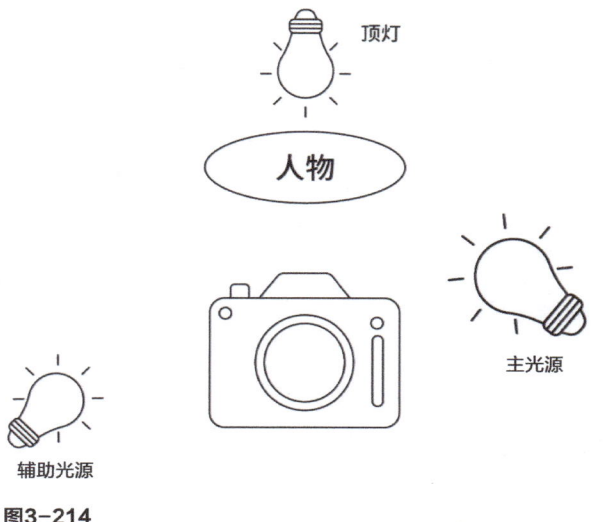

图3-214

包装上用到的人像图片通常是代言人或品牌创始人的肖像照，由于背景选用纯色背景，不涉及前景和背景的对焦，相机对焦模式可以选择自动对焦模式。在没有专业摄影棚的情况下，灯光较难达到理想的亮度，所以快门不能选择过快。为了不虚焦，建议大家使用三脚架和快门线。

相机参数设置：F11，快门 1/125s，ISO 100，闪光灯强制闪光。使用这样的相机参数拍摄的照片如图 3-215 所示。

图3-215

3.6
包装材料分类及常见工艺

包装使用到的材料众多,并且在不断变化,这里讲述几种高频使用的包装材料及其常见工艺,如图3-216所示。

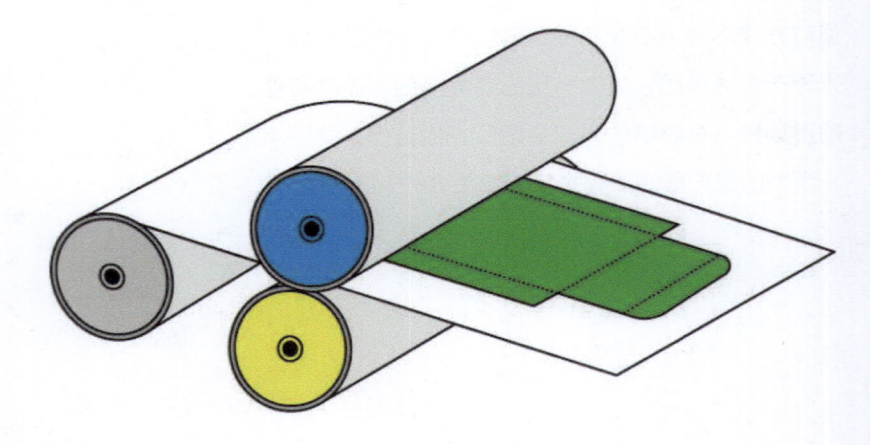

图3-216

3.6.1
纸质包装

纸质包装是包装设计中最常见的包装形式,应用的特殊工艺也是最多的。设计师应该了解常见纸张的特点和特殊工艺。因为纸张及其特殊工艺都在不断地发展,本书仅列举常见纸张的类型和特殊工艺供大家学习、参考。

1. 铜版纸

铜版纸价格低廉，有 128g/m²、157g/m²、200g/m²、250g/m²、300g/m² 等多种选择，是目前印刷品用量最大的纸张类型。铜版纸可以通过覆膜形成哑光或亮光的不同效果。铜版纸的质地比较轻薄，颜色偏白或略微带有一点黄色，如图 3-217 所示。

铜版纸非常容易弯折，极易形成折痕，如图 3-218 所示。

图3-217

图3-218

2. 白卡纸

白卡纸通常比铜版纸厚重，通常大于 250g/m²，如图 3-219 所示。

由于白卡纸的柔韧性更强，弯折相对于铜版纸而言需要更大的力度，如图 3-220 所示。白卡纸弯折时所呈现的弧形角度更大，弯折到一定程度之后会留下明显折痕。白卡纸的颜色比铜版纸更白。

白卡纸常用在重量或体积比较大的产品的包装上，更重的产品还可以用两张白卡纸对裱的方式，进一步提升包装的强度。

图3-219

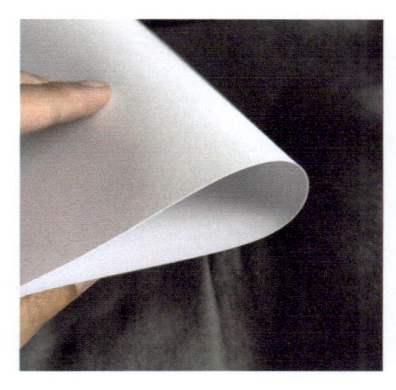

图3-220

3. 牛皮纸

　　常见的牛皮纸呈黄褐色，如图 3-221 所示，也有经过漂白工艺处理之后的白色牛皮纸。牛皮纸的柔韧度、强度和价格都高于铜版纸。由于牛皮纸的吸水性较强，在印刷过程中会严重影响色彩还原度，所以黄褐色牛皮纸并不适合用在色彩丰富的包装上。

图3-221

4. 瓦楞纸

　　瓦楞纸如图 3-222 所示。由于结构的优势，瓦楞纸的抗冲击性最强。体积或重量很大的产品通常都使用瓦楞纸进行包装来抵抗运输过程中的震动和冲击。瓦楞纸的吸水性也很强，印刷的色彩还原度很差，因此在瓦楞纸上常用单色印刷或双色印刷。也可以在瓦楞纸表面贴皮，既保证了画面的印刷效果，又利用了瓦楞纸的抗冲击性能。

图3-222

5. 特种纸

　　特种纸的种类繁多，各个厂家对特种纸的命名没有统一标准，我们很难通过名称找到自己想要的纸张类型。设计师要根据纸张的质感和纹理，对照就近厂家的纸样做出选择。特种纸通常成本比较高，而且其中有很大一部分不适合印刷，只适合做特殊工艺或者包装的某一个组成部分。设计师在选择特种纸之前需要了解特种纸的印刷效果及其可以应用哪种特殊工艺。

　　有的厂家将图 3-223 所示的纹理纸样命名为玄宙纸，玄宙纸用高品质木浆制成，由于表面纹理明显，柔韧度很好，常被用在包装上。

图3-223

玄宙纸还有不同颜色可以选择，根据预期的画面可以选择不同颜色作为包装的背景色。如果认为绿色影响了画面的整体色调，可以选择灰色，如图 3-224 所示。根据笔者的经验，每款特种纸的颜色都超过了 10 种。

还有一种名为草木纸的特种纸，笔者认为这是一种命名最为准确且容易理解的纸张，如图 3-225 所示。草木纸的纹理看起来像杂草、木制材料的自然肌理。

草木纸的纹理呈不规则的形状，不同颜色的草木纸上的纹理都非常清楚，如图 3-226 所示。草木纸的颜色很多，能够非常方便地应用在产品包装上。

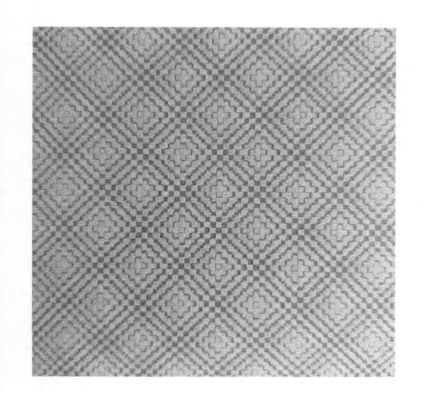

图3-224　　　　　　　　　　　**图3-225**　　　　　　　　　　　**图3-226**

绒马纸与草木纸具有相近的视觉特征，都有呈不规则形状的纹理，如图 3-227 所示。从图片上看，绒马纸与草木纸的差异不大；通过肉眼观看和手摸实物，两种纸还是有明显的差异的。绒马纸传递给人的是一种动物皮毛的视觉感受，适合用在与动物有关联的产品的包装上。

与器皿相关联的白陶纸具有古陶的视觉特征，如图 3-228 所示。白陶纸的纹理相对粗犷，凹凸不平，具有原始的古朴感。

图3-227　　　　　　　　　　　**图3-228**

设计师还需要对特种纸不断地去了解和发掘，在确认产品可以承担特种纸的落地成本的前提下，可以到特种纸的生产厂家或经销商处实地考察纸样的外观及其能够运用哪些印刷工艺。

6. 特殊工艺

包装设计常见的特殊工艺如图 3-229 所示。

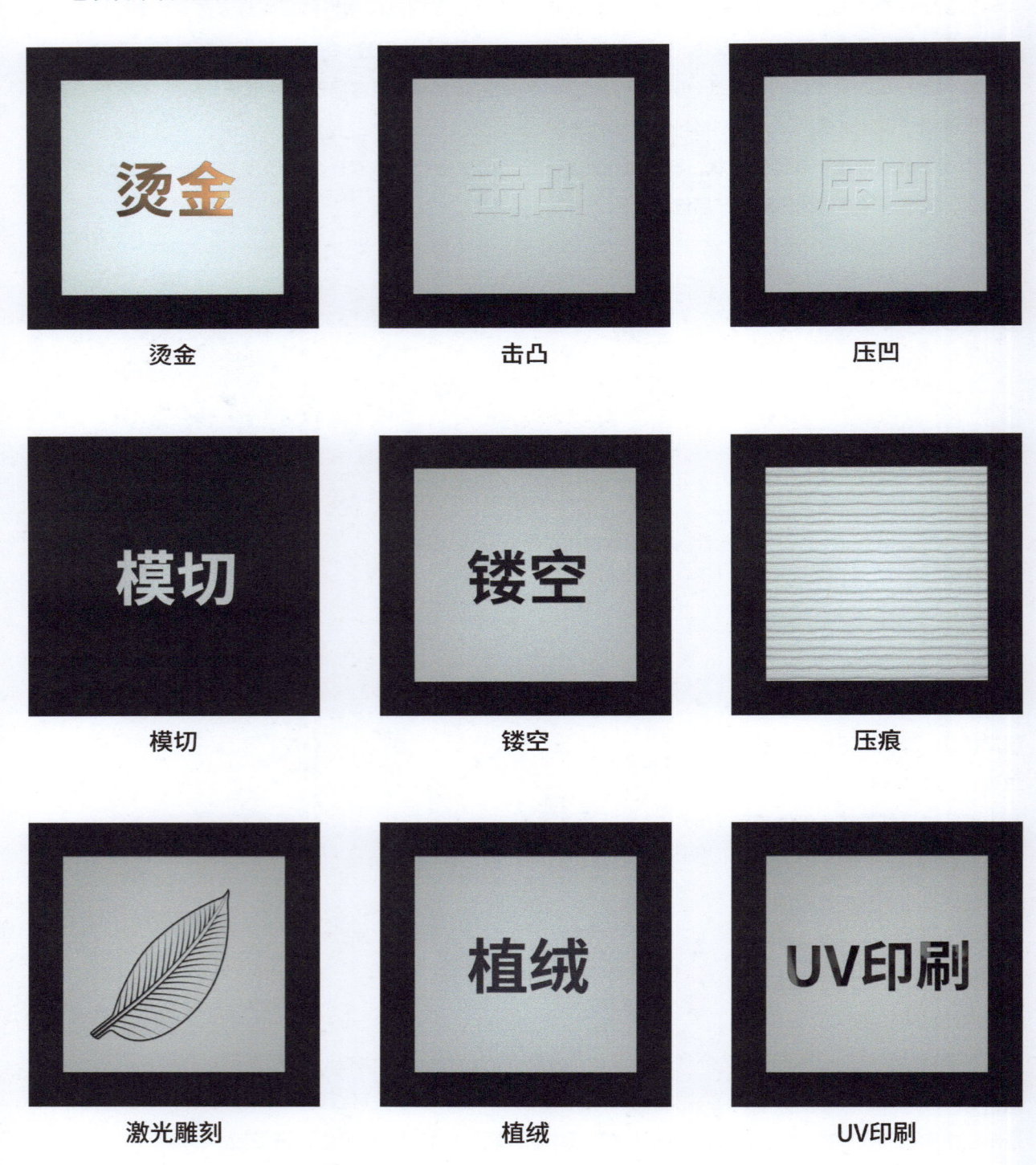

烫金　　　　　　　击凸　　　　　　　压凹

模切　　　　　　　镂空　　　　　　　压痕

激光雕刻　　　　　植绒　　　　　　　UV印刷

图3-229

3.6.2
塑料制品

常见的塑料有 PET（聚酯）、PP（聚丙烯）、PE（聚乙烯）、OPP（邻苯基苯酚）和复合材料等。PET 多用于透明瓶，所以笔者将 PET 放到 3.6.3 节中介绍。现在介绍的是用于柔性印刷、凹版印刷或转印等印刷方式的塑料。用这些塑料制作的包装不透明或只有少量面积透明。

1.PP

聚丙烯的印刷色彩还原度好，硬度高，耐高温，并且有一定韧性，透明度很好。PP 与 PE、OPP 是市场上最常见的塑料袋的材质。PP 常用于电子产品的包装，达到食品级别的 PP 材料还可以包装食品，如图 3-230 所示。

图3-230

2.PE

聚乙烯的印刷色彩还原度好，耐低温，有一定柔韧性，材质比较柔软，透明度比 PP 略差。PE 常用于食品、药品的包装，如图 3-231 所示。

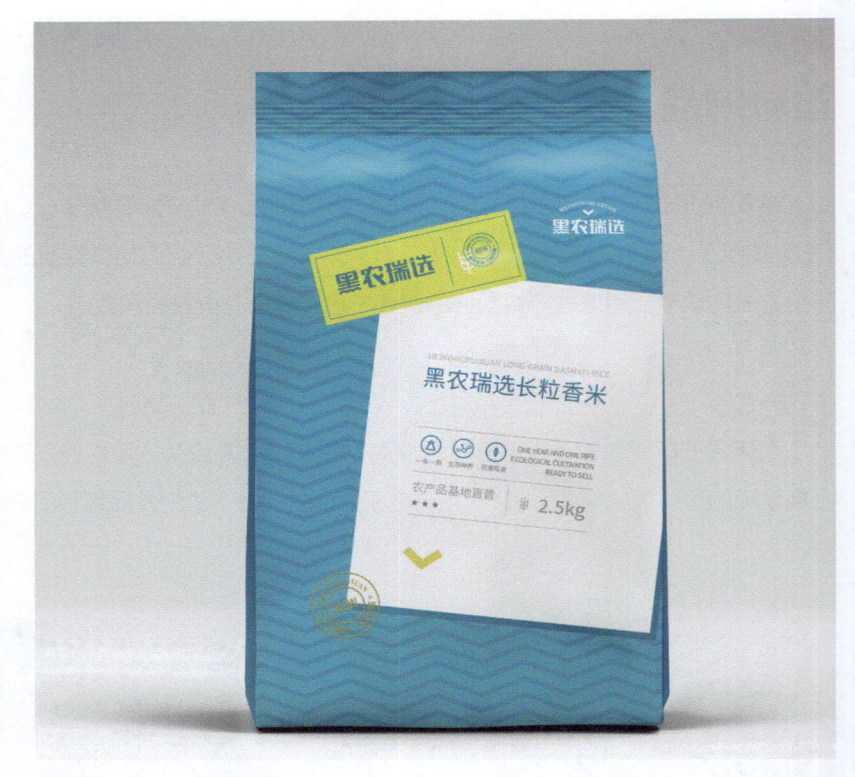

图3-231

3.OPP

OPP 的印刷色彩还原度好，材质比较坚硬，柔韧性比较差，在不经印刷的区域可以做到透明度非常好，如图 3-232 所示。OPP 常用于服装、化妆品的包装。

设计塑料包装需要注意塑料产生的形变是否严重影响文字或画面的识别，并将品牌 Logo 和其他关键信息避开袋装撕开口的延长线，预留的用于悬挂在货架上的打孔位置不要摆放文字或图片。

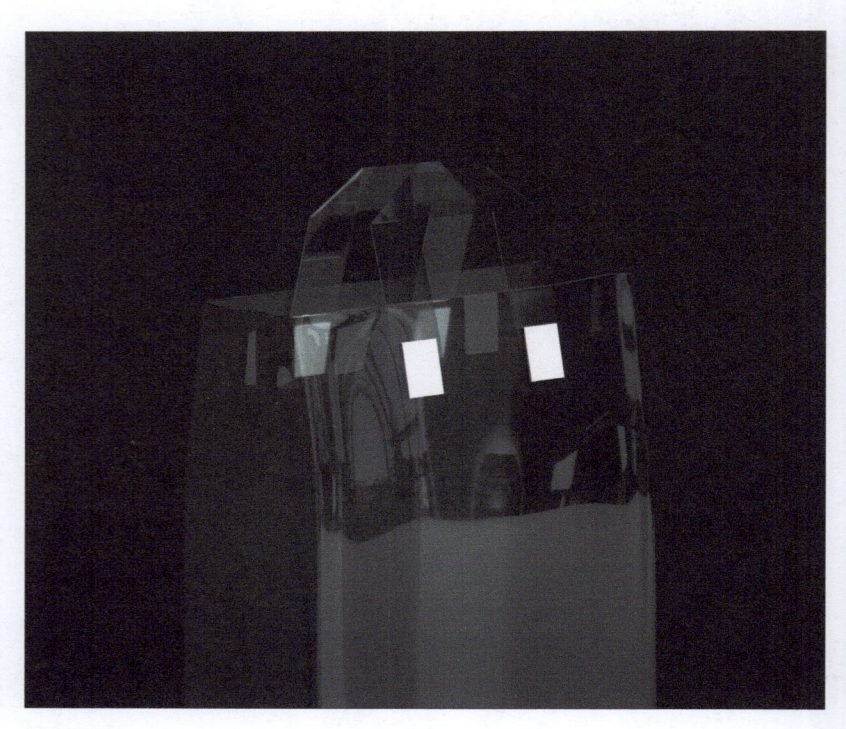

图3-232

3.6.3
透明材质

透明材质常用于酒水、饮料、保健品、蜂蜜等瓶装或罐装产品的包装。透明材质的包装通常以"透明材质本体（玻璃或塑料等透明材质）+ 瓶贴"的形式呈现在消费者面前。透明材质本身通常只使用少量印刷工艺或特殊工艺。最常见的透明材质是玻璃和PET。

1. 玻璃

在玻璃表面印刷文字或图案的成本相对较高，常见的印刷工艺是烤漆、丝网印刷或水转印，如图3-233所示。

图3-233

由于成本的限制，我们常见的玻璃瓶包装（如啤酒瓶）通常采用在玻璃瓶外贴合不干胶贴的形式。玻璃的光滑特性使不干胶贴很容易贴合，而且普通的挤压和冲撞都不会造成不干胶贴的脱落。

2.PET

　　瓶装饮用水的包装几乎都采用的是 PET，我们所见到的瓶体是工厂经过对瓶坯的拉伸、加热、冷却定型之后的成品形态。由于瓶壁很薄，为了加强瓶体的强度，只能通过增加重量或采用加强筋的方式来增强瓶体的刚性，出于对成本因素的考虑，多数厂商选择后者。PET 瓶的瓶标很少使用不干胶贴，常用其他塑料材质（如 PE、PVC 等）的薄膜，因为薄膜有一定透光度，所以设计师要考虑透光之后的色差变化，必要时可建议客户选择更厚的塑料膜，如图 3-234 所示。

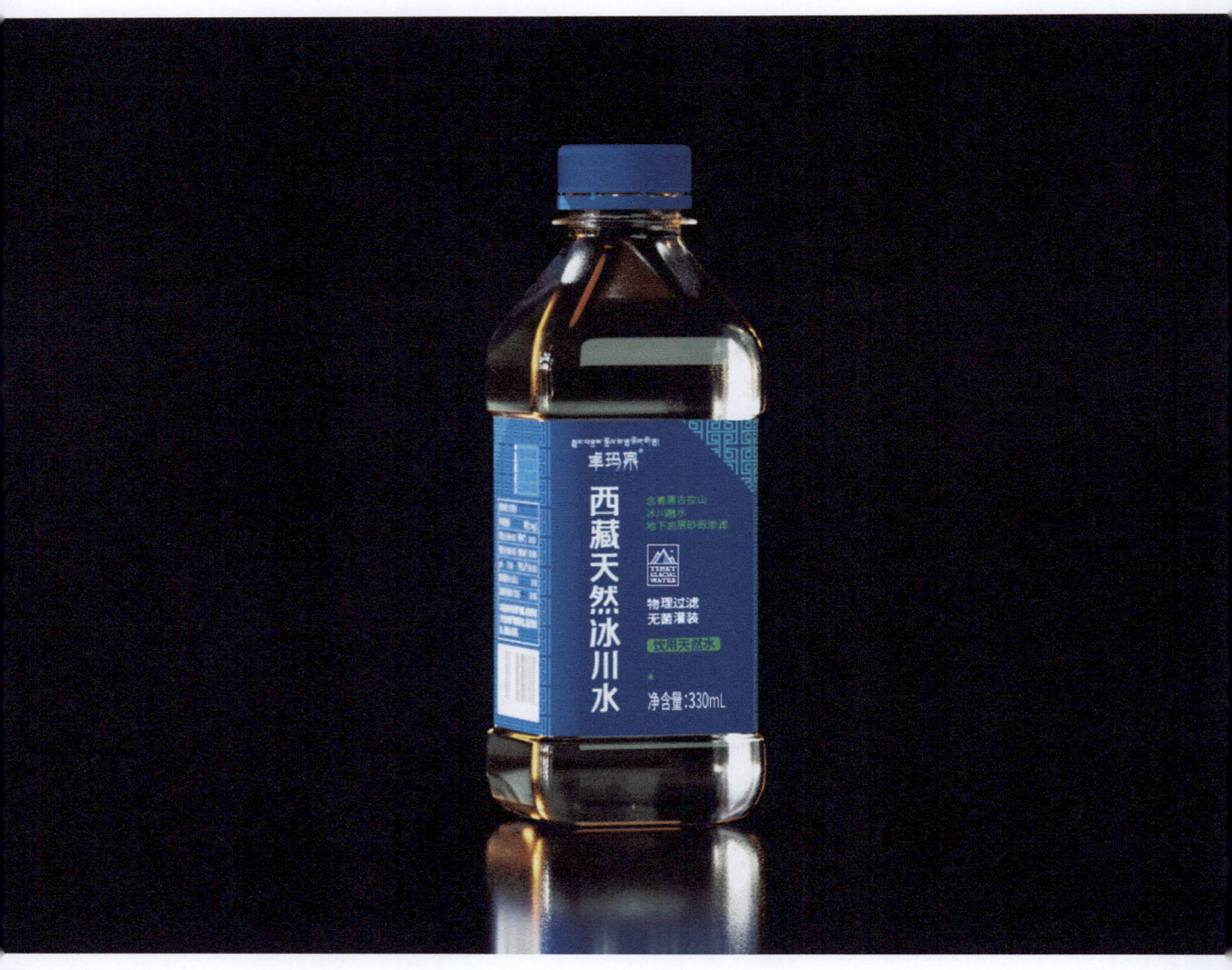

图3-234

3.PVC、PP 等材质的透明塑料盒 / 塑料瓶

透明的塑料盒、圆筒、手提袋等塑料制品也会作为产品包装使用，透明部分可作为包装的全部或一部分。透明塑料盒 / 塑料瓶的特点是可以让人直观地看到内容物，如图 3-235 所示。这种材质的包装防水防潮，韧性较强，虽然透明度不如玻璃材质的包装，但重量更轻，节约运输成本。

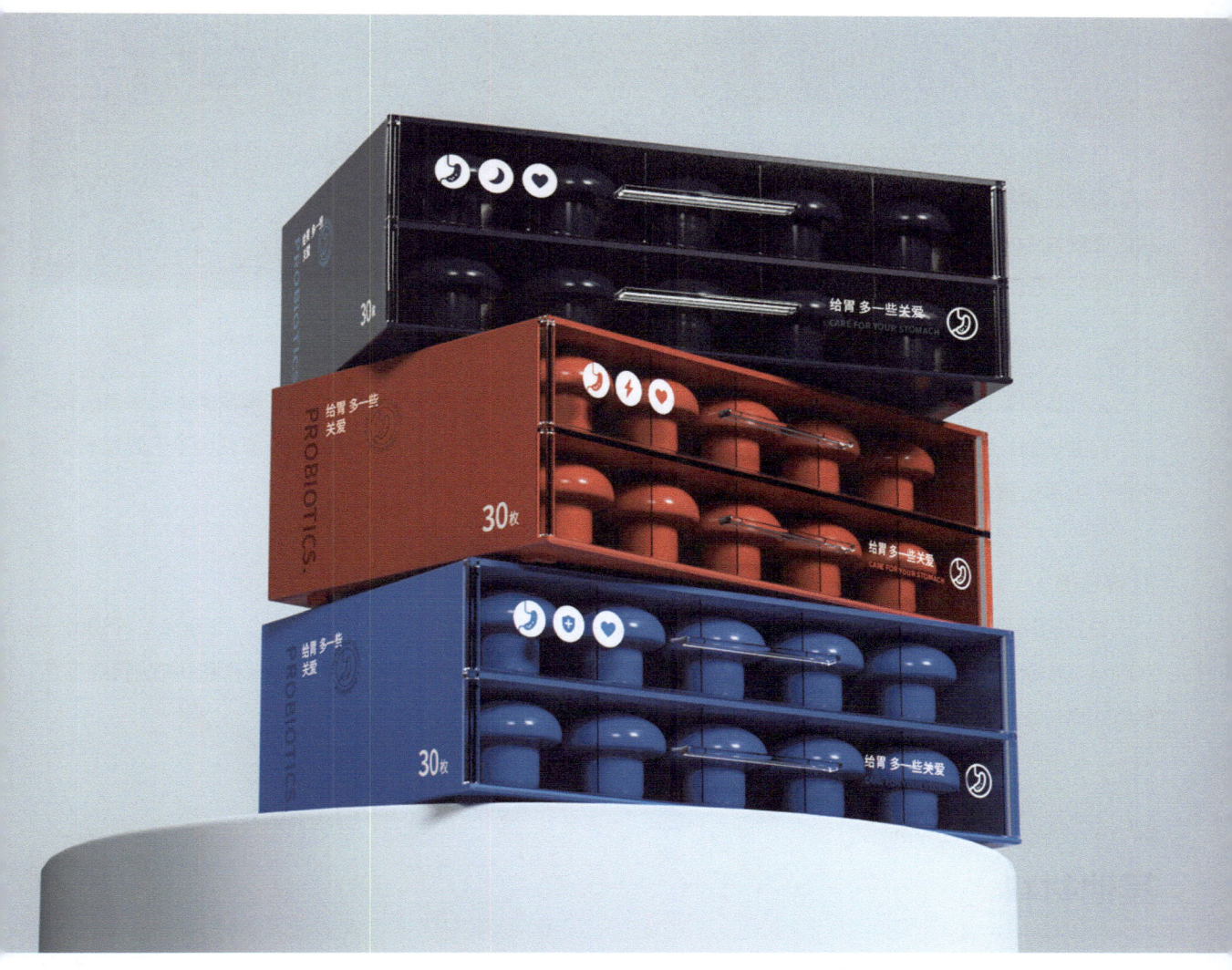

图3-235

3.6.4
金属材质

常见的金属材质的包装用到的材料是铁或者铝。金属的光泽度高，对包装有装饰性的效果。金属材质的包装强度大，密封性好，适合包覆保质期很长或内部存在压力的产品。

1. 马口铁

马口铁是制罐的主要材料，罐头包装、金属茶叶罐、礼盒中的金属罐或金属盒大多采用的是马口铁，如图3-236所示。

图3-236

马口铁具有耐高温的特性，可以烤漆或进行油墨印刷，色彩还原度好，可以制作非常精美的包装盒，以提升产品的价值。罐头包装所用的材料较薄，所以经常采用加强筋来增加罐体的刚性，外部贴合不干胶呈现产品信息。色泽呈黄色的罐头包装是在马口铁上采用了镀铜的工艺，增强材料的抗氧化性。

2. 易拉罐

易拉罐用到的材质既有铝材，也有马口铁。常见易拉罐的容量为2L、1L、500mL、355mL、330mL、200mL、160mL。每种易拉罐的尺寸固定，使设计师的制图减少了很大难度。通常易拉罐不采用印刷的特殊工艺。常用的易拉罐的标准尺寸见本书附录B。

3.6.5
其他材料

在文创产品和白酒品类的包装上，常见的材料还有皮革、织物、竹、木等。这类材料的特点是印刷难度很大，体现产品信息必须依赖其他材料的辅助。这类材料的包装制造成本较高，常使用在对包装成本不敏感的产品的包装上。

3.7
产品包装结构

不同的包装结构在运输、储存、销售过程中有不同的特质,设计师需要了解不同包装结构之间的差异,以便在设计过程中找到合适的视觉表达方法,如图3-237所示。

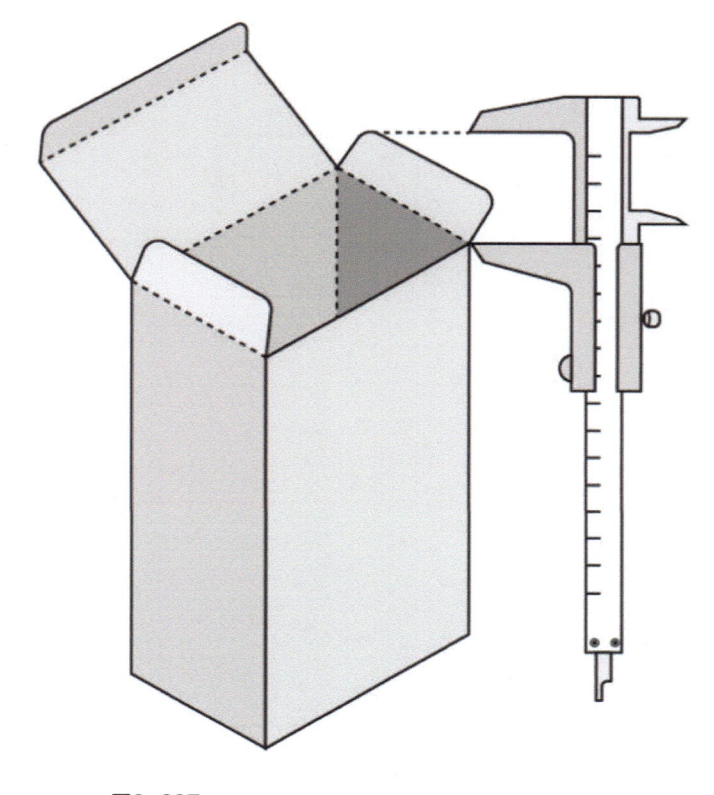

图3-237

3.7.1
盒状结构

盒状结构的包装在视觉上较平整,不会出现或很少出现形变,影响信息的浏览;类似于海报的信息传递模式,能在平面上布局信息要素。由于具有这些特性,盒装结构非常适合面积较大的精致画面的呈现,并且可以通过正面与侧边两个面的连贯,在货架上形成更大面积的视觉着眼点,造就陈列优势。

因为复杂的盒状结构包装折叠、组合的过程烦琐，所以设计师在设计完之后必须打印小样，检查展开图的各个面在折叠、组合之后是否都在正确的位置和方向。这就要求设计师要对刀版图有一定的了解。刀版图是印刷行业制作刀模的文件，我们可以将其理解为包装盒的平面展开图。刀版图上只有线框，没有内容，如图3-238所示，设计师需要将内容放置到合适位置以便打印。

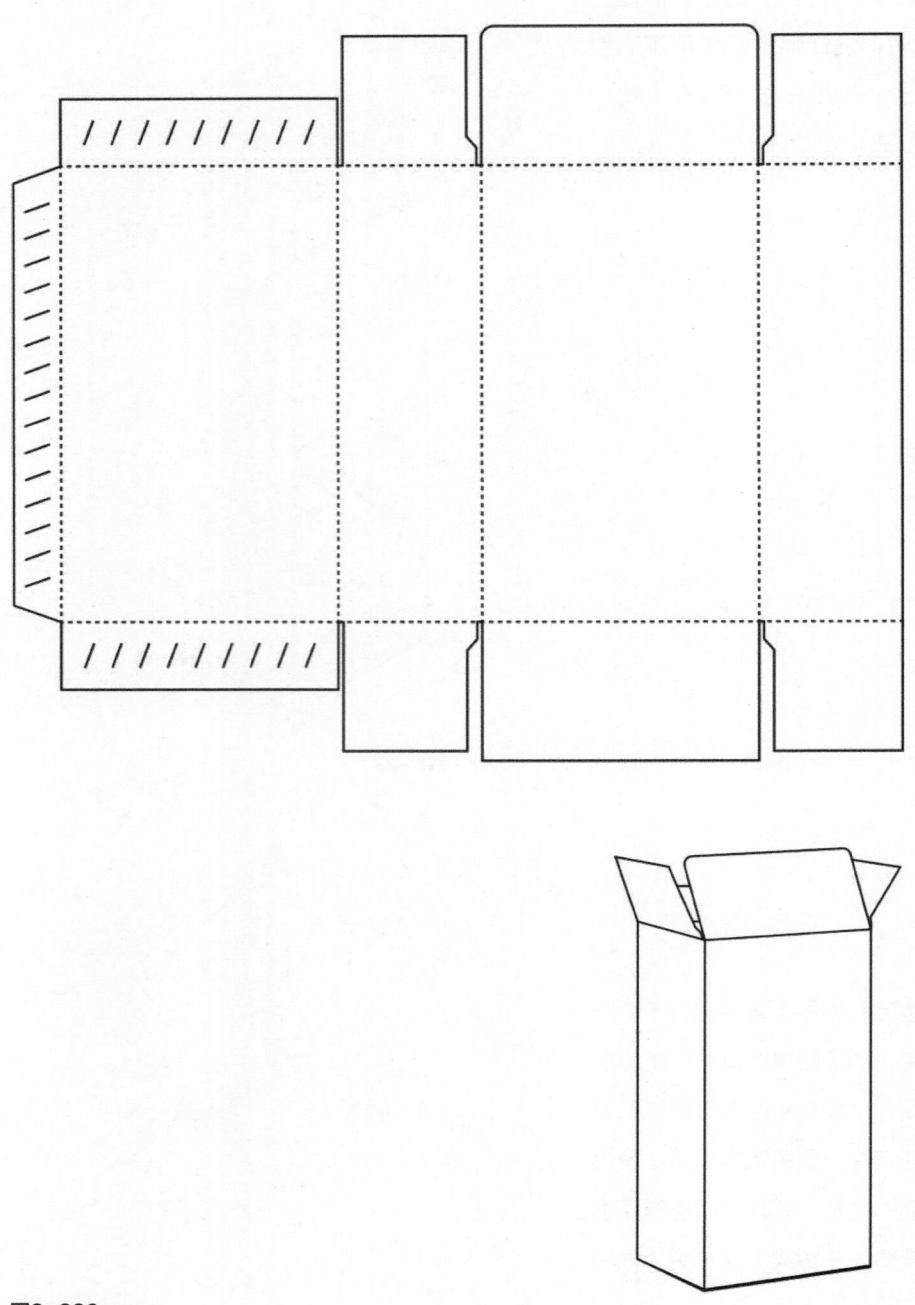

图3-238

对于不同尺寸的包装盒，设计师可以根据测量和计算的结果，调整矢量图中的刀版线长短，得到想要的刀版图。当盒子的封口方式和结构有显著不同时，刀版图的结构也会有差异。如图 3-239 所示，虽然该图中的包装盒与图 3-238 中的包装盒的体积大致相同，但是因为封口方式不同，刀版图也有明显的差别。

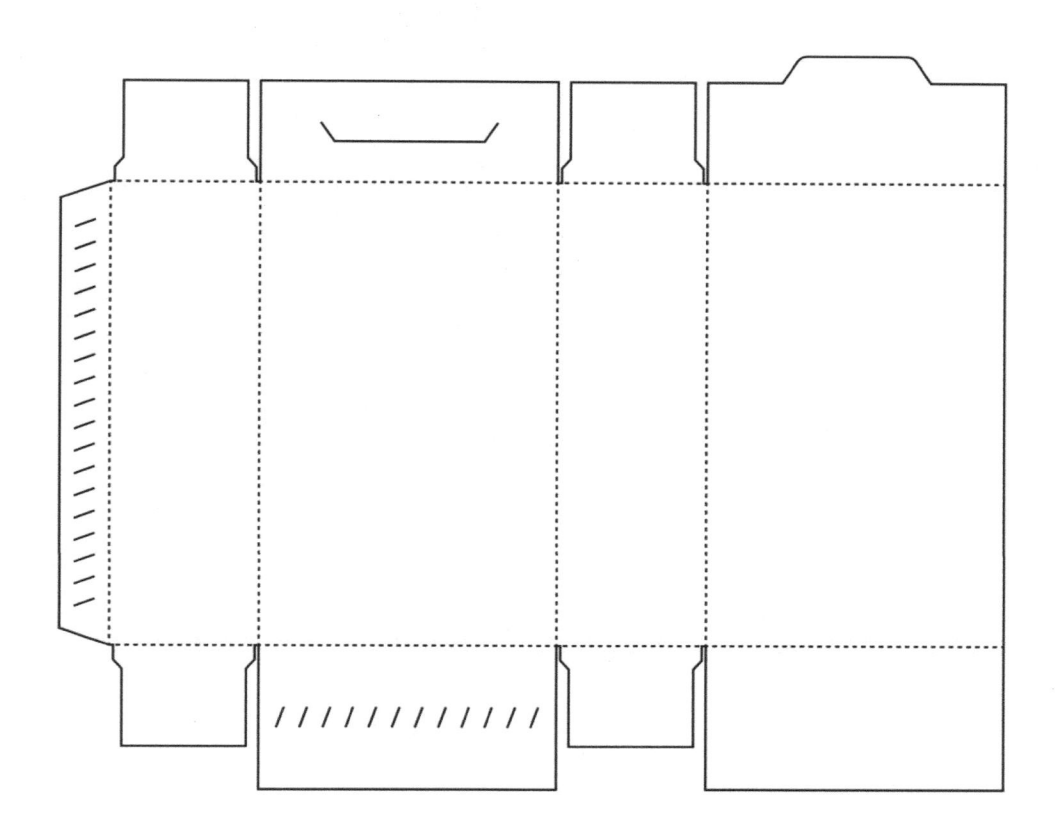

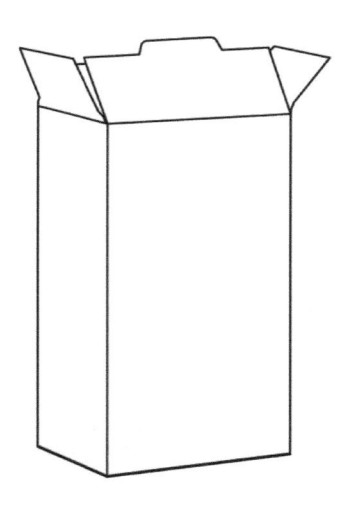

图3-239

设计师需要积累工作经验，这样在看到刀版图时才能够迅速识别这是什么结构的包装盒。在看到图3-240所示的刀版图时，设计师应该能想到在将其折叠之后是抽插式的长方形纸盒。

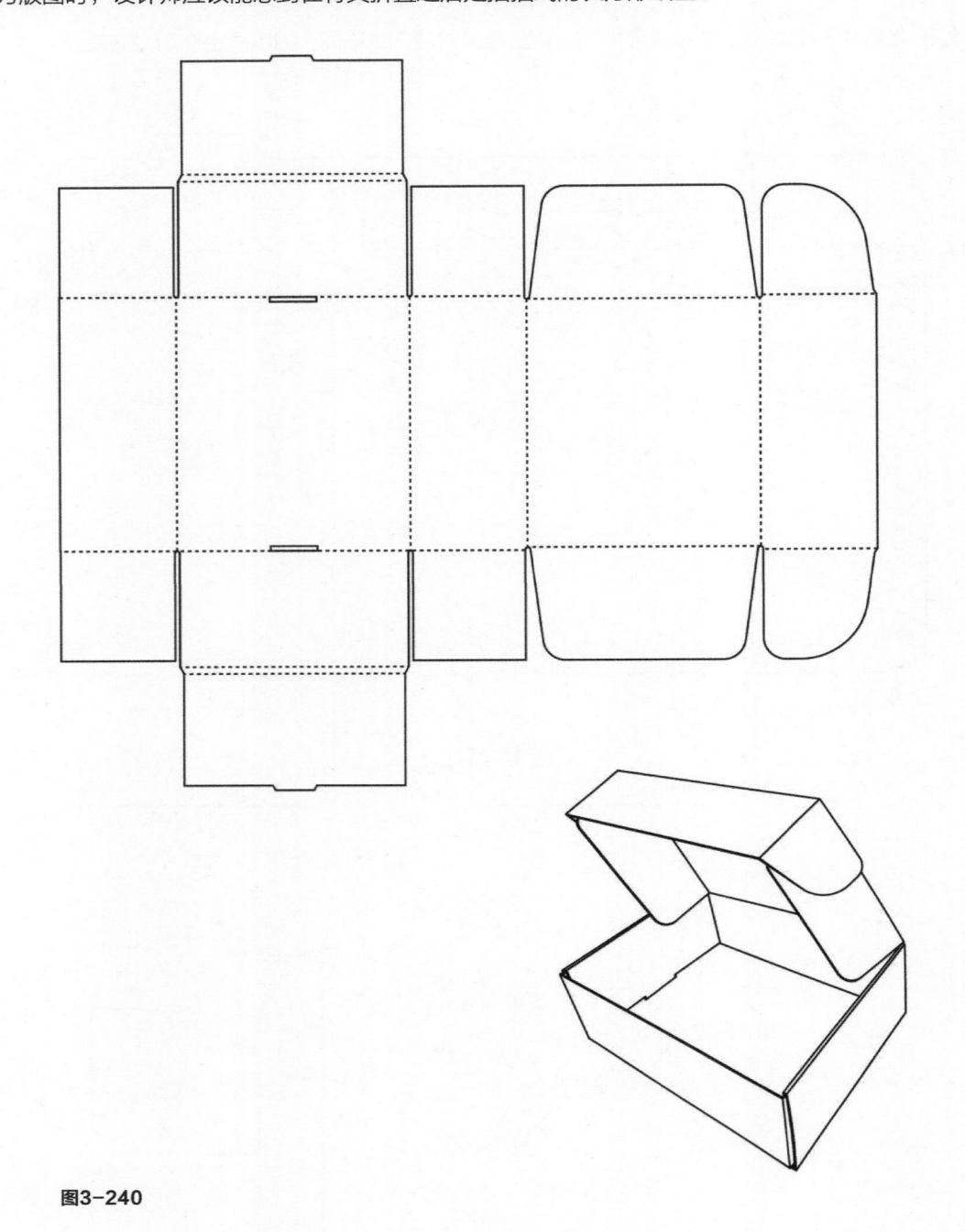

图3-240

盒状结构包装的刀版图种类繁多，在此不一一列举。笔者将常见的盒状结构包装的刀版图放在了本书的附录A中，其中包括几种常见纸盒的刀版图、瓦楞纸箱的刀版图，以及纸质隔断的刀版图。

3.7.2
瓶状结构

瓶状结构的包装由于是曲面的外形结构，信息传递面积有限，并且在不同视角下会出现遮挡和形变，因此不适合体现大面积的精致画面。瓶状结构的包装一般印刷困难，通常需要贴纸来体现相应的产品信息，在设计上可以采用面积较小的画面，或散乱平铺、数量较多的符号和图形来做视觉表达。由于面积有限，图形或者画面不要影响产品重要信息的体现。

瓶状结构包装的瓶贴相对于盒装结构包装的刀版图，要简单得多，尺寸好测量，结构也不复杂，设计的执行难度相对较小。常见的玻璃瓶罐头的瓶贴展开就是一个正方形，在必要时可以模切出圆角或者异形形状，如图3-241所示。

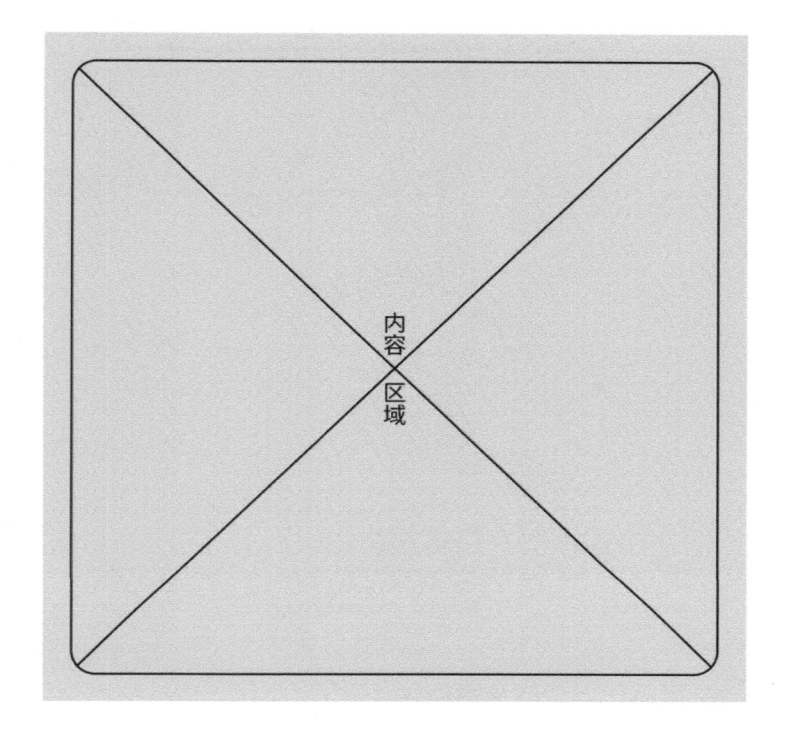

图3-241

啤酒瓶的瓶贴展开图如图 3-242 所示。设计师可以通过外形判断出瓶贴要出现在瓶体的哪个位置。

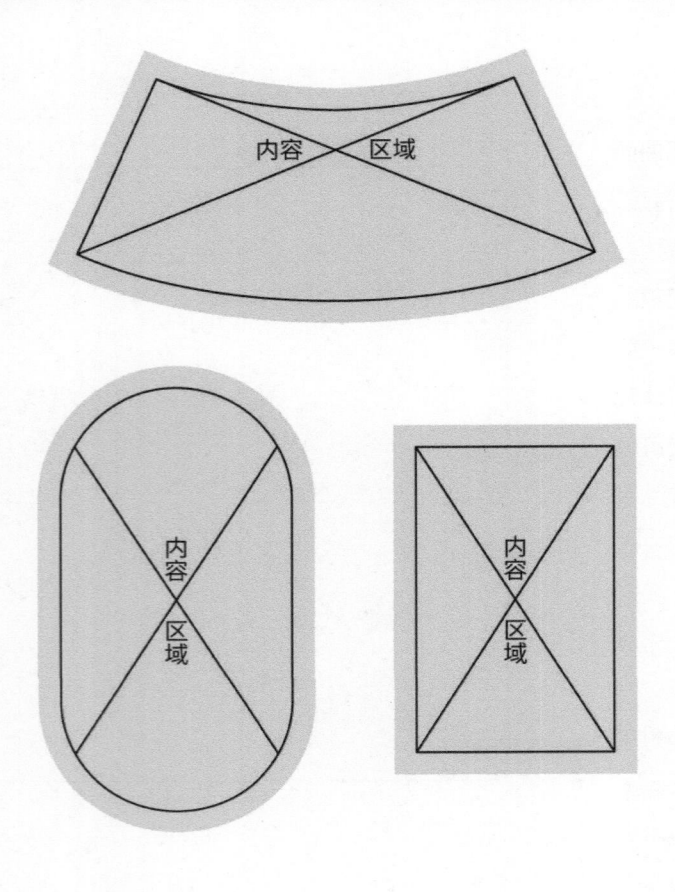

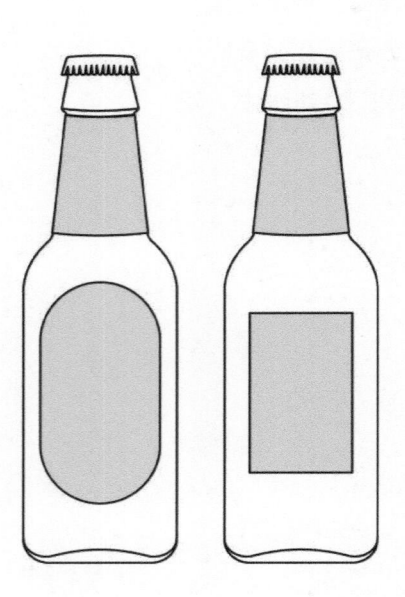

图3-242

在饮料瓶应用热缩膜的时候，设计师要考虑到瓶体的凹凸位置会产生形变，要让重要信息避开变大的区域，以减少瓶体的形变对信息识别产生的负面影响，如图 3-243 所示。

瓶贴的出血建议预留 3 毫米以上，避免在裁切过程中产生误差，影响视觉效果。

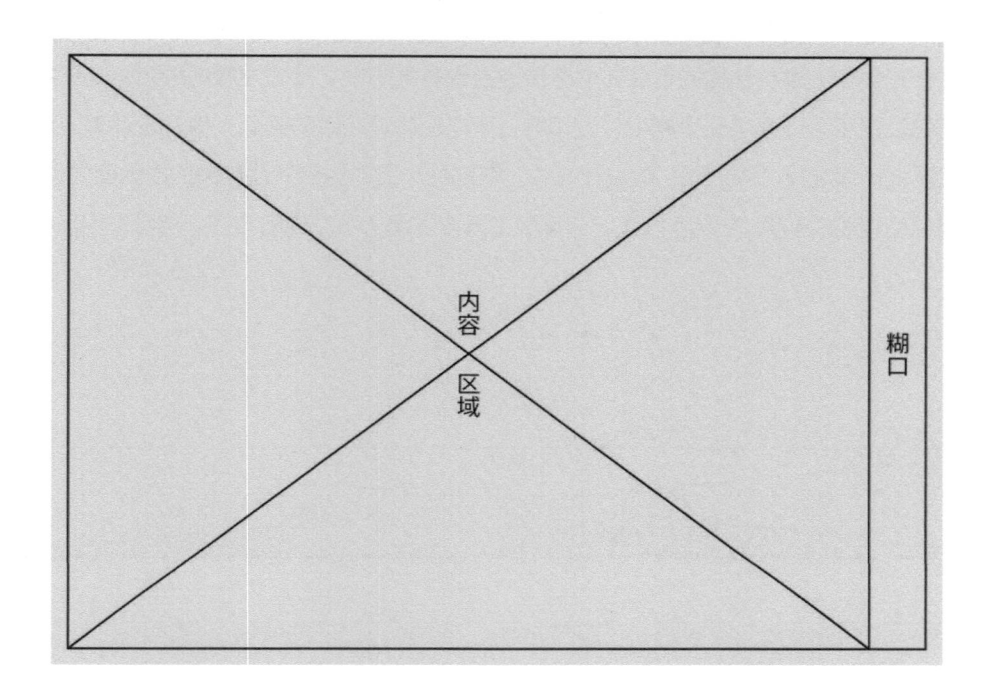

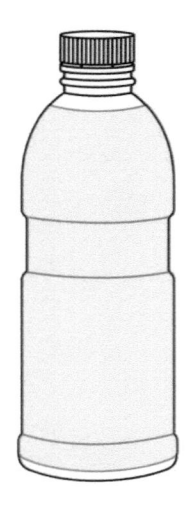

图3-243

3.7.3
罐状结构

罐状结构的包装抗压、抗冲击能力比较强，在形态上通常比瓶状结构的包装更低矮，甚至呈扁平状。同样由于具有曲面的外形结构，罐状结构的包装在信息传递上也有局限性，需要注意图形和画面不能影响产品信息的体现。易拉罐包装由于可以直接在金属板材上印刷，所以能体现精致的画面，提升设计感。对于易拉罐包装的设计，笔者建议设计师选择"双正面"的设计方式，在陈列产品时更容易让包装的正面面向消费者。

扁平状的罐状结构包装如图3-244所示，在排版上既可采用上下结构的布局，也可采用左右结构的布局。

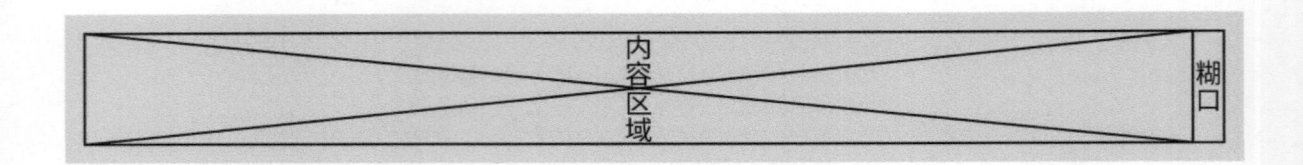

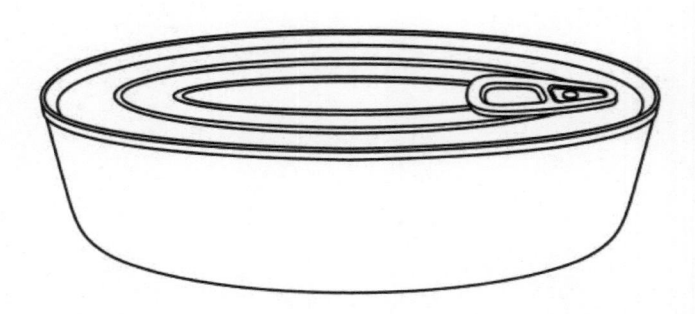

图3-244

高挑的罐状结构包装（如易拉罐包装）如图 3-245 所示，通常采用上下结构布局主要信息。常见的易拉罐通常都是标准尺寸，常见罐体的刀版图见附录 A。

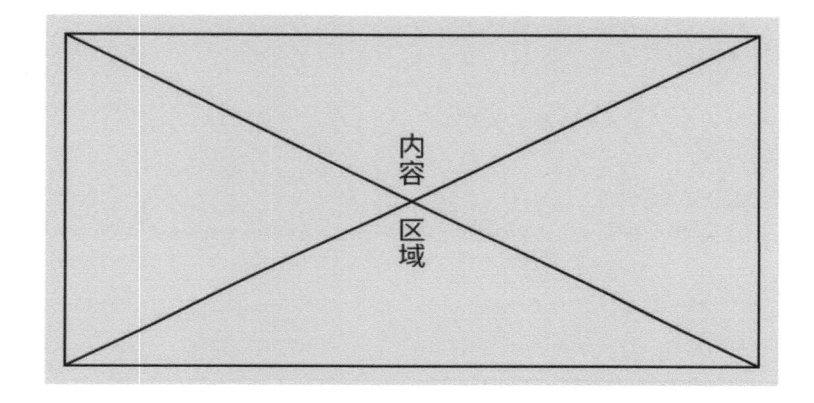

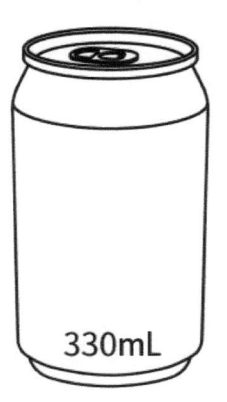

图3-245

3.7.4
袋状结构

袋状结构包装的形变几乎无法避免。不论是常规袋状包装，还是真空和充气的袋状包装，都会在陈列时产生形变。因此，在设计袋状包装时，要将产品重要信息（如品名、广告语、IP形象）的展现面积设置得足够大，即使袋状包装产生形变，也不影响产品被快速识别。

正是因为袋状包装容易产生形变，所以采用袋状包装的产品常运用"超级符号"和大面积纯色背景来提高自身在货架上的识别度。

袋状结构包装的展开图是矩形，通常糊口的位置在包装背面的中垂线上，如图3-246所示。在设计过程中，设计师要依照实际尺寸，合理布局画面的位置，不要让糊口位置遮挡过多的文字信息，尤其不能遮挡条形码和二维码。

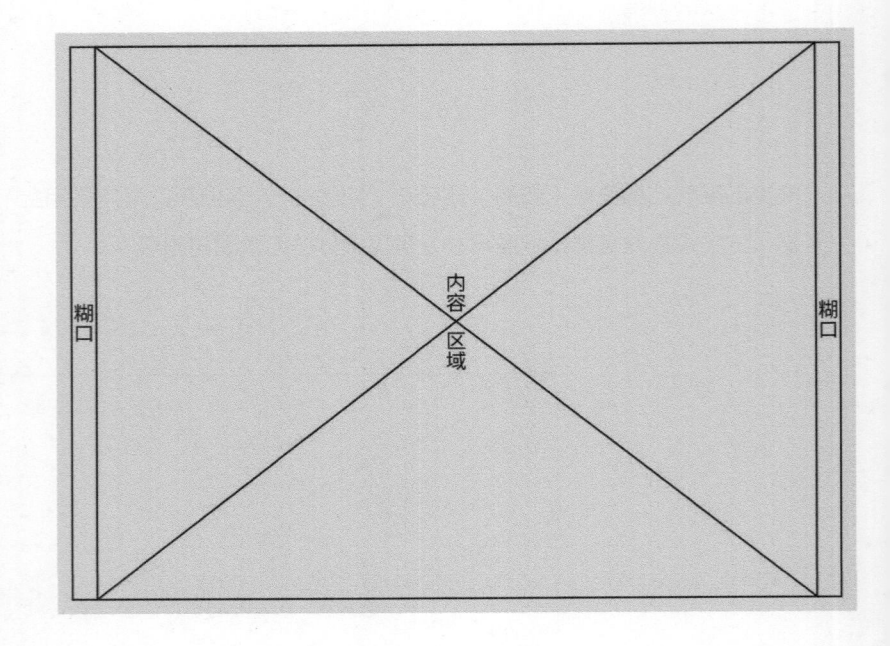

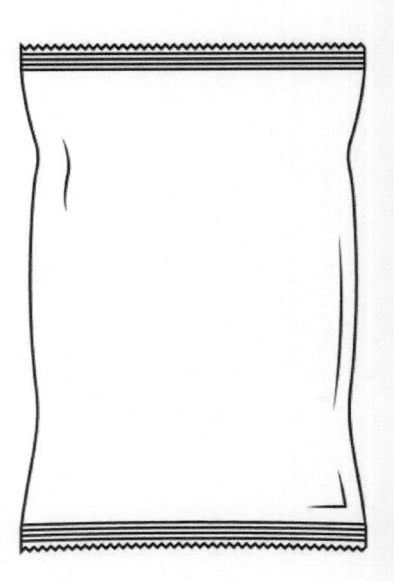

图3-246

较小尺寸的袋状结构包装，如漱口水和咖啡的内包装，不宜体现过多信息，文字过小会导致识别困难；同时要注意热压的位置，如图 3-247 所示，不要将品牌 Logo 等重要信息放在热压区域。

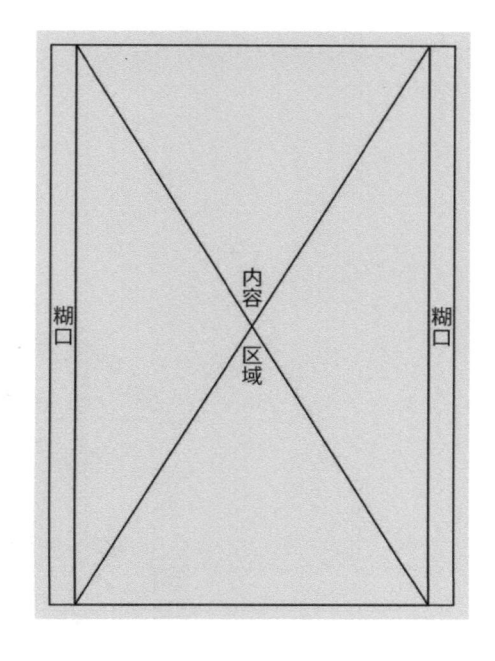

3.7.5
异形结构

异形结构在表达上的张力最强，可以放大包装设计的视觉冲击力和情绪的表达力，但落地成本是最高的。其设计过程既考验设计师的空间想象力，也考验设计师对生产工艺的了解程度。在设计异形结构包装之前，设计师需要预测包装用到的特殊工艺、材质，结合客户的备货数量，计算出异形结构包装的落地成本，在客户可以承担的前提下再做设计。好的设计体现在货架上，而不是体现在电脑软件里。

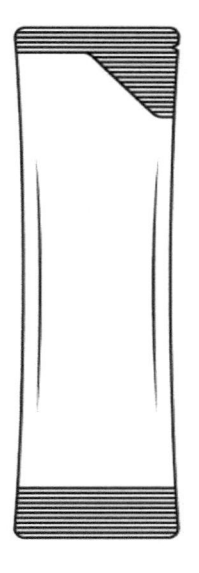

图3-247

给胃 多一些关爱
CARE FOR YOUR STOMACH
PROBIOTICS.
30枚
给胃 多一些关爱
PROBIOTICS.
30枚
给胃 多一些关爱

04

全面提升包装设计能力

前面几章我们探讨了包装设计的概念性内容和常用技能。通过总结在工作中获得的经验和针对设计行业新人的访谈，我们得知，让刚入行的设计师非常苦恼的问题是，知识学了不少，案例看了很多，可在着手去做的时候，不能将知识运用到设计中去，浪费了很多时间去试错，迟迟无法设计出成品。本章要解决的问题就是，在构建对包装设计的正确认知的基础上，运用梳理出来的信息，完成一个完整的包装设计。

- 四个靶标，化繁为简，使包装有的放矢
- 三个原则，聚焦卖点，让策略直入人心
- 三种途径，对号入座，把构思变成画面
- 十二个模块，把包装做出来
- 如何给客户提案

4.1

四个靶标，化繁为简，使包装有的放矢

在实战中我们总结了，大多数产品的核心卖点分为四个类别，即四个靶标，分别是产品靶标、心智靶标、情绪靶标、场景靶标，如图4-1所示。4.1节要解决的问题是，在着手设计画面之前，确定包装上面要体现哪些具体内容。只有找对了靶标，才能为接下来的工作做好铺垫。下面笔者逐一分析四个靶标的应用逻辑和应用方法。

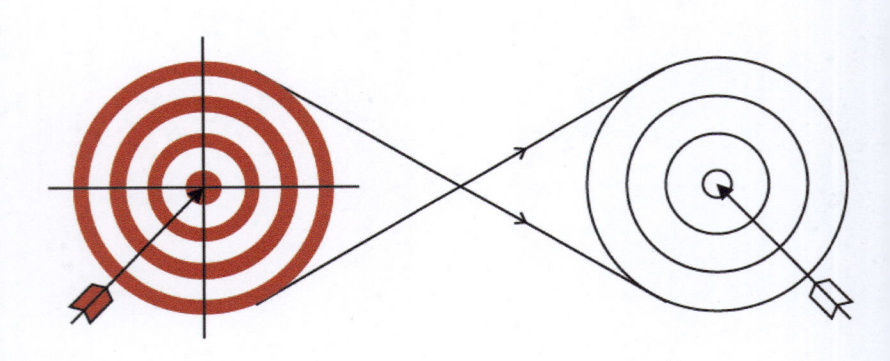

图4-1

4.1.1
产品靶标

1. 什么是产品靶标

产品靶标是指基于产品本身具备的特征制定的包装设计策略。产品分析得出的结果都是客观信息，容易理解，容易被证实，所以也容易被信任。产品本身具备的特征可以是产品的产地，也可以是生产工艺，还可以是产品的颜色、性状、寿命等。

2. 产品靶标的重要性

在确定产品核心卖点的过程中，永远都不要越过产品，直接进行情绪的共鸣、场景的刻画和客户心智的捕捉。除非你的品牌已经具备了很强的影响力，并在市场竞争中用销量证实了这种影响力确实有效。

设计师在与客户沟通过程中，最开始交涉的问题往往都是产品所具备的特征。在探讨产品特征的过程中，客户会着重强调产品的哪些特征是相对具备竞争优势的。此时设计师要认真听取客户对产品的分析，在必要的时候要记录关键信息，切记不要听到一半突然有了灵感就去试探客户对包装风格的喜好，之后找相应的案例和客户展开视觉表达的讨论。一款产品的竞争优势往往就隐藏在产品靶标当中，在讨论产品靶标的这段时间里，设计师要做一个倾听者。

3. 适合采用产品靶标的产品

讲产品靶标用农产品，尤其是用大米举例非常合适。不论是电商渠道销售的大米，还是传统渠道销售的大米，超过 80% 的大米的包装上最突出的信息都是产品靶标。你千万不要轻易地评论生产大米的老板没有创意，只会用同样的策略。

水稻的生长与自然条件息息相关，但这还不足以直接影响消费者的食用体验。在水稻长成之后的环节中，收割、去石、干燥、抛光、仓储、包装都会影响食用体验。再向后延伸，你用什么锅、放了多少水、烹饪的时长，也都在影响着最终的体验。这就意味着在做大米的包装时，用情绪或场景做核心卖点，最终会让消费者的食用体验和营销端的表达极大概率地存在差异。

除产品靶标之外的三个靶标，可控程度都极低。贸然地使用这三个靶标，很大概率会使消费者的体验与你塑造的核心卖点产生巨大差异。若一款产品的核心卖点受到质疑，那么这款产品遭受的打击将是巨大的，甚至是毁灭性的。**所以在做大米和类似大米的农产品的包装设计时，设计师应优先使用产品靶标。**

4. 产品靶标要寻找的内容

在前文中我们提到了，产品靶标中的特征可以是产品的产地，也可以是生产工艺，还可以是产品的颜色、性状、寿命等信息。显然这种概括性的信息是无法指导我们的具体工作的，于是笔者把产品靶标分为了六个维度，如图 4-2 所示，在六个维度中列举了相应信息，让大家知道在跟客户聊产品时要聊什么、客户在介绍完产品后有什么信息缺失了，可以立即有针对性地询问。

产地	技术	时间	性状	功能	原料
地理位置	技术沉淀	创始时间	尺 寸	体 验	纯 度
水文条件	生产技术	生产过程	光泽度	结 果	配 比
植被条件	温控技术	酿造时长	柔软度	药用价值	进 口
气象条件	过滤技术	储存时长	透明度		品 控
土壤成分	运输技术	工 时 数	颜 色		原产地
区位优势	包装技术	经验积累	温 度		直接标注
历史典故	优质种子	重大事件	洁净度		
		寿 命	形 态		

图4-2

在将上述六个维度的信息筛选之后，对产品的了解程度就已经够了。作为设计师，不能一头扎进技术里"钻研"，设计师的首要职责是解决营销端的问题，而非优化生产结构。在产品靶标这个板块，设计师最容易掉入深入研究的陷阱。

解决办法是：在上述信息中，有什么就说什么，不要夸大，不要猜测。

选择信息的方法：和竞品相比较，哪条信息有优势，就优先用哪条信息；如果都有优势，哪条信息理解成本低，更易传播，就优先用哪条信息。

产品靶标的重中之重是客观。欺骗和夸大的陈述，其实战效果远远不如客观的陈述。这里讲到的"陈述"，包括但不限于文字叙述，还可以是绘制画面、真实拍摄等。

提示

1. 当要使用的信息，如生产技术、过滤技术、酿造时长、储存时长等，涉及具体数字时，要在包装上直接体现明确的数字。因为"12重过滤工序"往往比"多重过滤工序"更容易被人信服，"晒足180天"也比"长时间晾晒"更有说服力。

2. 时间—经验积累还可以延展为一款产品的口碑积累。不论是经验的积累造就了产品的竞争优势，还是口碑的积累造就了产品的竞争优势，都可以放在包装上作为核心卖点。需要注意的是，这样的竞争优势必须有理有据，否则就不能对产品起到销售上的助推作用。

3. 在性状—尺寸方面，除了用较大或较小的尺寸，尺寸的统一性也可以是很强的竞争力，这与品控是一个道理。比如，单颗杞果的果重有100g、400g、600g，当然还有更大的，你的杞果不会有最大的果重，但你可以保证每一颗杞果的果重都能达到400g，这就在竞争中成为竞争优势。

4.1.2
心智靶标

1. 什么是心智靶标

心智靶标，顾名思义，就是利用客户心智来营销产品的策略。客户心智不是想出来的，也不是通过市场调研调查出来的。客户心智是一个传播的结果，同时也是一个动态的概念。随着客户所处的年龄阶段、市场环境、地理位置的变化，客户心智也会有所变化。心智有两大特征：一是心智会变化；二是心智依赖信息的传播。

心智战场是企业在制定策略的过程中非常重视的战场。从战略上来讲，心智战场是一个品牌的制胜王牌，也是商业竞争中的终极战场。当一个品牌占领了客户心智时，那么它的产品就会具备显著的竞争优势。

2. 使用心智靶标的前提

在笔者看来，利用客户心智卖货虽然是一个毋庸置疑的成熟理论，但在包装设计领域是一个潜在隐患。

心智靶标是一个好用的办法，也是形成竞争壁垒的有效途径。但这并不意味着任何产品都可以使用心智靶标来做包装设计。心智靶标的使用对品牌方有两个基本要求：

一是要有一定的体量，在传播上投入了一定的成本，来完成针对目标客户的信息植入；
二是要有持续的营销动作，不断强化所传播的内容在客户心智中的深入。

可口可乐和百事可乐都是心智靶标的重度使用产品，这两大可乐品牌在包装和营销动作上都采用了心智靶标，如图 4-3 所示。

图4-3

可乐瓶身的最大面积留给了 Logo 和品牌的标准色，理由是品牌已经在客户心智中完成了预售。无论是可口可乐，还是百事可乐，其标准色或者 Logo 都已经成为强有力的购买理由。百事可乐在广告端推出与主色调一致的元素，进一步巩固高势能人群对自身的信赖。

包装上印上产品的 Logo 就能卖货，这不是因为这种方法万能，而是因为产品是可口可乐，或者百事可乐。

在与客户确认设计策略的时候，设计师要针对客户的实际情况，分析客户是否有强大的执行能力来为心智战场制定相应的营销动作。要知道，心智靶标无疑是四个靶标当中资金成本最高的策略。客户在决定应用心智靶标时，自然会有相应的营销动作来配合策略的执行。

3. 小品牌是否可以使用心智靶标

前文提到的采用心智靶标是设计领域的潜在隐患，是指包装上对心智靶标的错误使用，并未让包装起到促进销售的作用。这并不意味着小品牌就不能运用心智靶标来设计包装。既然客户心智既是动态的概念，又是可以通过传播来影响的，那么包装就有办法通过使用心智靶标实现商业目的。

2020 年我们服务了一个广西果汁凉茶的品牌，对其产品包装进行升级，恰好在制定设计策略时走出了对心智靶标应用的误区。

升级前后的产品包装如图 4-4 所示。

升级前　　　　　　　　　升级后

图4-4

在旧产品包装上，最突出的位置放置了品牌 Logo，下方也注明了产品的品类是果汁凉茶饮料，与两大可乐品牌的包装策略是一致的。可是品牌 Logo 要体现的内涵或者外延都没有被先行植入消费者的脑海中，那么消费者在面对这一产品的时候，基本上不会掏钱购买。为了增强产品在货架上的销售能力，我们首先明确的观点就是，坚决不使用独立的 Logo 作为包装主画面的设计内容。鉴于心智靶标的特殊性，在内容梳理过程中，可以将四个靶标全部放到对这个产品的分析中去，从而迎合客户心智，达到营销目的。

在采用产品靶标的分析方式提炼出相应信息之后，我们通过访谈和市场调查获得了三条重要信息。

首先，在产品的销售区域内，人们对"中国—东盟博览会"充满了信任感和自豪感，该品牌饮料是"中国—东盟博览会"的指定饮料。

其次，在产品的消费场景调查中，我们发现这款饮料的消费场景很明确，在当地火锅和烧烤流行的餐饮环境中，需要凉茶带来些清凉。这款果汁凉茶饮料恰好给了消费者除王老吉和加多宝之外的另一个选择。

最后，消费群体有一些共性，抽烟、喝酒频繁和用嗓频率很高的两类人群，占了该饮料消费群体的很大一部分。上述两个消费群体的需求是饮料能够润嗓，不能甜腻。

"中国—东盟博览会"指定饮料、清凉、润嗓，是我们提炼出的三条有效信息，也是在实战中被证实的有效信息。因此这三条信息是要在包装上体现的元素。

在应用心智靶标的时候，如果产品在体量和战略上都没有计划在销售终端和广告端影响消费者的心理，没有在客户心智中占据重要位置，那么可以从创造心智变为迎合心智。这是心智靶标能够让小品牌在心智战场上突围的变通之法。既然品牌尚未形成能够助推产品在终端销售的能力，那么我们就把目标锁定在上述三条有效信息中。"中国—东盟博览会"的指定饮料是在当地具有说服力的标签，可以作为产品的信任状，将这款饮料与小作坊饮料区分开来，让消费者在购买之前减少顾虑；清凉和润嗓的功能属性，在饮用体验上也非常好验证，"清润特饮"作为产品的品名，刚好可以简单、直接地表达该饮料的功能属性。鉴于销售渠道中最多的情况是单罐的陈列摆放，我们在表达方式上就顺理成章地使用了大字，这样既方便传播，也方便指名购买。图 4-5 所示为我们在设计包装过程中对信息的筛选和分析。

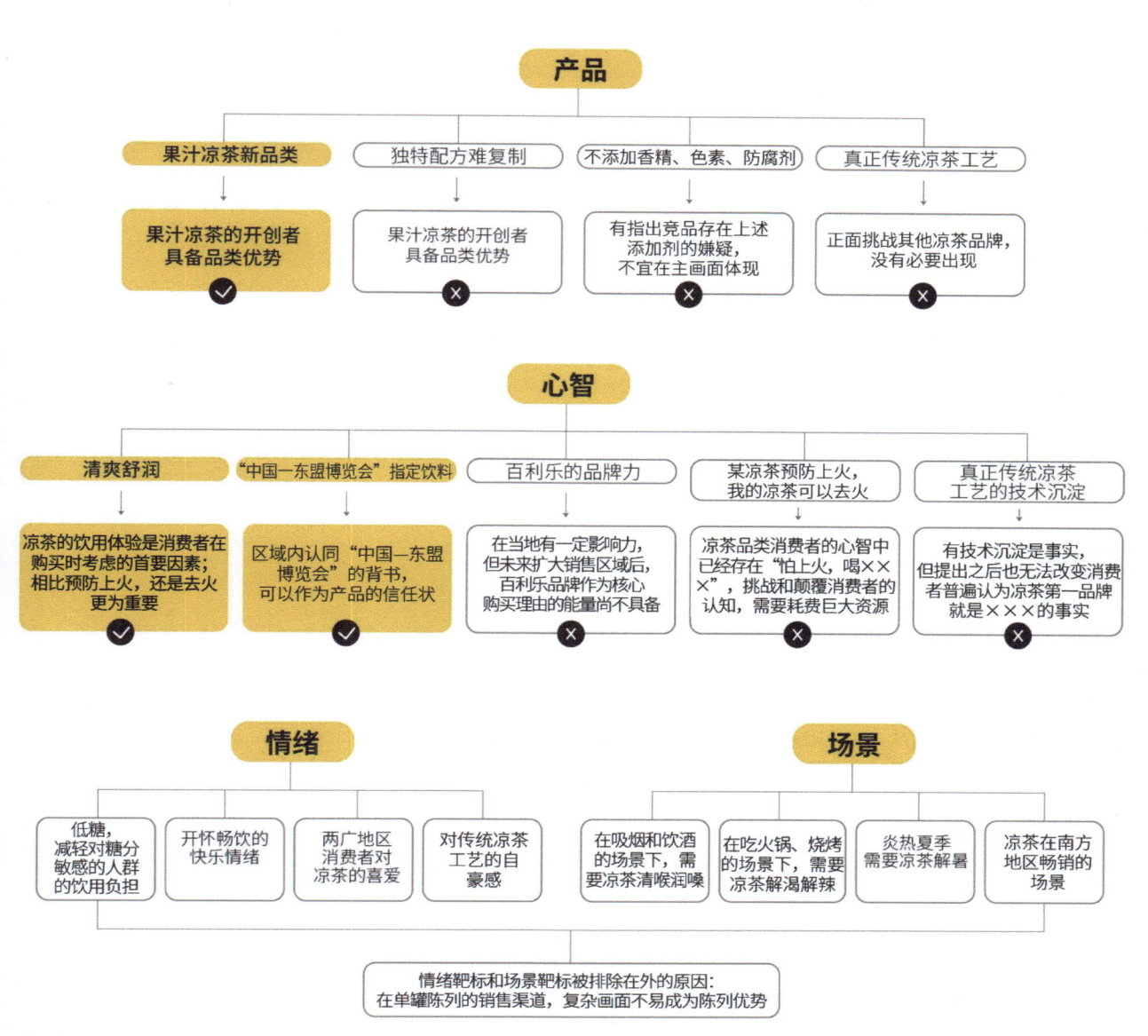

产品

果汁凉茶新品类	独特配方难复制	不添加香精、色素、防腐剂	真正传统凉茶工艺
果汁凉茶的开创者具备品类优势 ✓	果汁凉茶的开创者具备品类优势 ✗	有指出竞品存在上述添加剂的嫌疑，不宜在主画面体现 ✗	正面挑战其他凉茶品牌，没有必要出现 ✗

心智

清爽舒润	"中国—东盟博览会"指定饮料	百利乐的品牌力	某凉茶预防上火，我的凉茶可以去火	真正传统凉茶工艺的技术沉淀
凉茶的饮用体验是消费者在购买时考虑的首要因素；相比预防上火，还是去火更为重要 ✓	区域内认同"中国—东盟博览会"的背书，可以作为产品的信任状 ✓	在当地有一定影响力，但未来扩大销售区域后，百利乐品牌作为核心购买理由的能量尚不具备 ✗	凉茶品类消费者的心智中已经存在"怕上火，喝×××"，挑战和颠覆消费者的认知，需要耗费巨大资源 ✗	有技术沉淀是事实，但提出之后也无法改变消费者普遍认为凉茶第一品牌就是×××的事实 ✗

情绪

| 低糖，减轻对糖分敏感的人群的饮用负担 | 开怀畅饮的快乐情绪 | 两广地区消费者对凉茶的喜爱 | 对传统凉茶工艺的自豪感 |

场景

| 在吸烟和饮酒的场景下，需要凉茶清喉润嗓 | 在吃火锅、烧烤的场景下，需要凉茶解渴解辣 | 炎热夏季需要凉茶解暑 | 凉茶在南方地区畅销的场景 |

情绪靶标和场景靶标被排除在外的原因：在单罐陈列的销售渠道，复杂画面不易成为陈列优势

图4-5

在升级产品上市之后，营销端也在围绕这三条关键信息不断地传播相应的内容，消费者在不断地接收重复的信息，在终端见到产品的时候又发现产品与曾经接收的信息高度吻合，这样的产品生态就是一个健康的产品生态。

　　作为一名包装设计师，只要依照既定的营销策略和媒体端的配合，就能完成一款产品的包装设计。笔者相信对这样一个经过修正的心智靶标实操案例的复盘，会给你带去更多启发。

提示

　　严格来说，心智靶标应该独立于其他三个靶标之外，因为心智靶标在包装上的体现是没有明确界限的。心智靶标在包装上的体现，既可能是产品本身，也可能是特定的场景或某种情绪。看一款产品的包装设计是否采用了心智靶标，并不是看包装上是否重点体现 Logo 或销售主张，而是看这款产品是否针对自己的品牌或者销售主张采取了相应的营销动作。

　　分析你要做的包装设计是否要采用心智靶标，也要看客户是否有意愿在消费者身上投入相应的资源。如果沟通的结果是肯定的，那么就放心大胆地使用心智靶标。反之，就从其他三个靶标中寻找核心卖点。

4.1.3
情绪靶标

1. 什么是情绪靶标

　　情绪是人对事物的主观体验，是人对事物产生的反应。情绪靶标就是在产品包装上运用人们对特定事物的反应，从而调动出相应的情绪。也可以说，调动情绪是情绪靶标的方法，形成共鸣是情绪靶标的目的。

2. 什么产品适合使用情绪靶标

　　快消品行业是包装设计的高频需求行业。快消品使用周期短，消费速度快，产品包装更新迭代的节奏也明显快于其他行业的产品。这使得快消品对包装本身的卖货能力的依赖性更强，在包装上的竞争也更激烈。大品牌在渠道和传播上占据了绝对的优势，在客户心智中已经占领了一席之地。在众多品牌和海量产品瓜分下的市场中，同质产品的产品靶标几乎已经被挖掘殆尽，重复使用其他产品的产品靶标或心智靶标的结果，无疑都是在给别人做嫁衣。

通过对市场上快消品的外包装进行观察不难发现，其使用的策略不仅有产品靶标和心智靶标，还有情绪靶标，如图 4-6 所示。

图4-6

江小白的竞争策略有三个值得关注的要点，如图 4-7 所示。

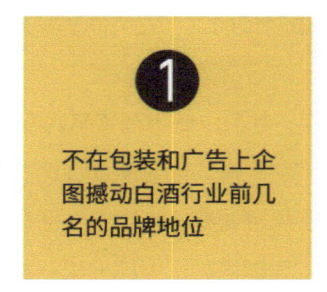

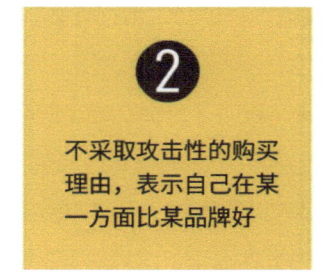

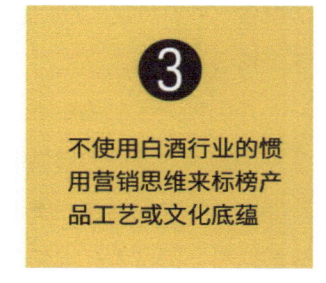

① 不在包装和广告上企图撼动白酒行业前几名的品牌地位

② 不采取攻击性的购买理由，表示自己在某一方面比某品牌好

③ 不使用白酒行业的惯用营销思维来标榜产品工艺或文化底蕴

图4-7

按照传统思维来看，江小白既不具备产品优势，也不具备强大的品牌号召力，在营销上还没有蹭某个品牌的热度来抬高自己的身价，贸然冲入白酒市场是毫无胜算的。

在互联网上的话题中，江小白是一个备受争议的品牌。竞争对手说，江小白根本不懂

04 全面提升包装设计能力　131

白酒；资深白酒消费客群说，江小白的酒难喝；设计师说，江小白的包装设计很丑。这都不能改变江小白已经取得130亿元市值的事实。从这个角度来讲，江小白已经是成功的品牌，其包装设计也是成功的包装设计。

单从包装上来看，正是因为江小白运用了情绪靶标，才能在产品和品牌都没有显著竞争优势的情况下做到出类拔萃。运用情绪靶标做产品包装设计的理念，可以让我们在同质化竞争激烈的品类中迅速找到突破口。

3. 使用情绪靶标的前提

情绪靶标的适用范围很广，但并不万能。产品要满足如下几个条件才可以使用情绪靶标，如图4-8所示。

使用情绪靶标的前提

- 产品的单价不能太高
- 产品品类需要相对成熟
- 消费者对品牌的忠诚度较低
- 线下渠道的产品能见度足够高
- 既要能让人看到，又要能让人看懂

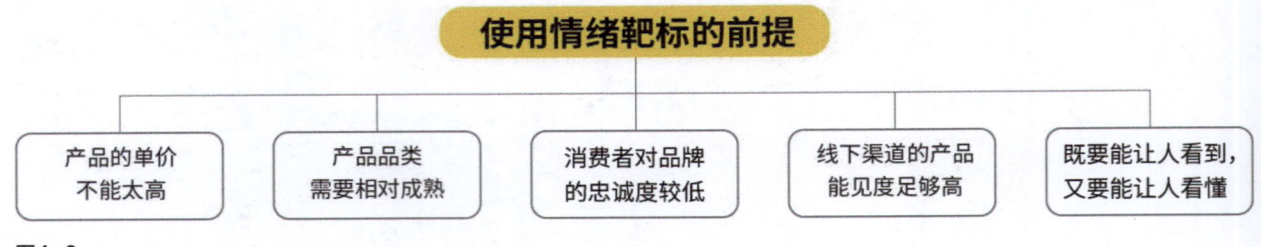

图4-8

产品的单价不能太高。消费者在做出购买决策的时候，其理性程度是随着价格的提高而提高的。平常人在逛街的时候看到喜欢的小玩具，可能会不假思索地买了，却很少有人在街边看见一辆奔驰车很漂亮，马上就去4S店买一台开回家。单价是衡量一款产品的包装要不要使用情绪靶标的重要条件。

产品品类需要相对成熟。品类进入成熟期的特征是：市场通常已被先入为主的品牌分割得差不多了；消费者对产品的了解程度很高，不需要厂家对产品的功能和使用方法做过多讲解。这两个特征之间存在因果关系。因为市场已经被瓜分得差不多，所以市场上的产品已经"教导"了消费者，让消费者熟知了产品的基础信息。消费者只要看到这个产品，就知道该产品能带给自己什么，以及要怎么使用。矿泉水的包装上是不会出现"解渴"这个核心卖点的。

正因为大家都熟知了这个品类，没有了产品功能上的沟通障碍，才可以使用情绪来诱发购买欲望。

消费者对品牌的忠诚度较低。购买产品的便利性经常与消费者对品牌的忠诚度成反比。我们可以通过购买产品的便利性来推测消费者对品牌的忠诚度，从而来决定是否要使用情绪靶标。对于在街边便利店随处可见的碳酸饮料，消费者在选购的时候随机性很强。这种购买的随机性，为情绪靶标能够促成购买行为提供了可能。鼠标和键盘就不是随处可以买到的产品，对我们这样的消费者来说，键盘和鼠标要是用情绪靶标来卖货，几乎不可能打动我们。我们如果做键盘和鼠标的包装设计，也不会贸然使用情绪靶标。

线下渠道的产品能见度足够高。产品的能见度要从两个维度衡量：铺货的覆盖面和消费者扫视产品时获得的信息。铺货的覆盖面很好理解，在大型商超或者社区超市的货架上，都陈列着产品，自然产品的能见度就很高，这是只要在渠道上投入了资源就能得到的结果。包装设计要解决的问题是，当消费者扫视产品时，是否能够瞬间理解获得的信息,这对于助推销售是至关重要的。这既是应用情绪靶标的前提条件,也是应用产品靶标的基本要求。产品的能见度足够高,**既要能让人看到,又要能让人看懂。**

同时满足上述几个条件的产品,就可以考虑在包装上使用情绪靶标。

原则上包装设计师可以在包装上表达任何情绪,但在对产品进行包装设计时,通常已经不具备修改产品配方或生产工艺的条件,因此在选择表达什么情绪时,我们要做的是符合现实条件,而非再次创作,强行赋予产品新的信息。这种"创新"更加适合的靶标是产品靶标。这也是笔者在前面特意提到要先从产品靶标入手的原因。

情绪靶标通常在同质化竞争激烈且品牌忠诚度较低的品类中应用,营销策略不以撼动头部品牌的地位为目标,消费者为了购买产品不需要付出很多。包装设计使用情绪靶标能解决的问题是提高产品的能见度,让产品在货架上(包括传统货架和电商平台的虚拟货架)被人看得见、看得懂。

4. 情绪靶标要寻找的内容

对于货架上的产品,商家常采用的表达方式是,卖什么就让一个人面带笑容地抱着什么,或者卖什么就把什么拟人化,表情大多是微笑。这里面用到的技巧是让人快速理解情绪,同时明确产品品类。正是因为微笑的表情好用,使得再继续用微笑就显得不够有创意。为了避免雷同,我们要知道适合用于包装的情绪都有哪些。

适合用在包装上的情绪大致由以下几类组成,如图 4-9 所示。

内心活动	情感表露	实际感受	获得结果
快乐	爱慕	舒适	变健康
狂喜	崇拜	轻松	更阳光
自信	尊敬	凉爽	变强壮
骄傲	畏惧	温暖	变美丽

图4-9

大家会发现,这些情绪都非常普遍,基本没创意。我们看到的采用情绪靶标的产品用的也是这些情绪。这是因为产品包装在货架上被人看到的平均时间只有三秒,在如此短暂的时间内,产品包装既要体现情绪,又要体现明确的产品品类,如果使用过于复杂的情绪,就会让人不知所云,不能迅速地理解或者产生共鸣,这样消费者就会转头去看其他产品。大家的时间都很宝贵,产品包装体现的情绪让人一看就懂很重要。

一看就懂的情绪,除了图 4-9 所示的常见情绪,还有无限可能。衡量你选择的情绪是否可以应用在产品包装上的标准是,观看者是否可以迅速想出一个词语来描述这种情绪。这个词语没有统一答案,重要的是从看到包装到想出相应词语的速度。速度越快，该词语所反映的情绪就越优先被使用。

情绪是感性内容，其在表达方式上的局限性非常少。文字、画面、摄影、颜色、形状、符号等都可以传递情绪的信息，如图4-10所示。

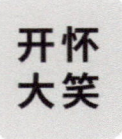

图4-10

用图4-10中的笑脸举例，笔者特意找了几个朋友对这个笑脸进行描述，他们的反应都十分迅速，有的说嬉皮笑脸，有的说微笑，有的说开心，有的说表情包。这些描述都和开心有关，将这种反应快速且与初衷吻合的情绪应用在包装上就是有效的。包装设计不是艺术创作，别搞得神神秘秘的。包装上要用到的绘制画面也不是艺术创作，绘制出有复杂心理活动的情绪可以展示出你强大的美术功底，而消费者却没有时间剖析里面蕴含的深意。

表情是表达情绪的第一选择，但不是唯一选择，否则情绪靶标就叫表情靶标了。江小白表达情绪的方式与表情无关，获得消费者认同的点主要集中在文案上。对于这些温暖或者搞笑的文案，每个人的理解都有所不同，但在见仁见智的理解中，消费者对江小白的描述有很高的相似度。走心、文艺、温暖，都是江小白在短时间内给消费者留下的印象。所以江小白即使用文字表达了情绪，也达到了商业目的。

将情绪靶标运用在包装上的好处是显而易见的，我们分析过适合用情绪靶标的产品通常采取什么营销策略，也知道了产品需要具备的一些条件，这时就可以围绕产品去寻找相关的情绪了。这种情绪的传递，其实就是很多企业主常说的一个词——共鸣。

直抒胸臆的情绪能被人看懂，能被看懂的情绪才容易引起共鸣。

> **提示**
>
> 情绪靶标可以单独使用，也可以与其他靶标共同使用。比如，统一集团在2015年推出的"小茗同学"就同时运用了产品靶标和情绪靶标。其先通过冷泡茶的产品靶标形成了差异化，再用自身的风趣、幽默、轻松与消费者形成共鸣。这种"软硬兼施"的方式是比单独使用情绪靶标更有效的设计策略。
>
> 我们在进行包装设计的实操中，已经明确了要使用情绪靶标，但只要在产品靶标或者心智靶标中找到了可以形成竞争优势的要素，就可以毫不犹豫地将其加入设计当中。

4.1.4
场景靶标

1. 什么是场景靶标

　　有消费就有场景，有场景就能形成画面。产品是通过包装来与目标客户沟通的，在你做包装设计一筹莫展的时候，场景靶标更容易给你带来灵感。场景靶标几乎可以用在所有产品的包装设计上，设计师借助销售场景和消费场景，向外延伸能够找到很多差异化卖点。

　　在包装设计上使用场景元素可以说是受到了广告的启发，我们看到的广告超过半数都使用了销售场景或消费场景，视频广告尤为突出。这两种场景能够迅速把你的思维带入相应的频道，给你灌输一些信息，使你对信息的被动接收能力变得更强。既然广告能够通过场景提高受众接收信息的能力，那么包装也可以。

　　广告让人在特定场景之下更快地接收其中的信息，那么产品就是在特定场景之下的解决方案。

2. 使用场景靶标的实例

　　众所周知，瓶装水在产品差异化上已经进行了深度挖掘，在品类上分化出了饮用水、纯净水、饮用天然水、天然矿泉水等，这些并不是能随意改变的信息。产品本来是纯净水，为了好卖，改成矿泉水就违法了；产品本来的微量元素含量是 a 毫克，写成 b 毫克，就涉及虚假宣传了。这个时候引入场景能够在合理合法的范围内寻找到与目标客户沟通的办法。

　　农夫山泉是利用场景做销售的高手。在广告上，农夫山泉推出了与"煮饭仙人"合作的视频广告，不把消费场景局限于口渴的场景。

　　农夫山泉利用煮米饭的高频场景，提供了解决方案。虽然这次传播是一次广告行为，并不是包装设计的策略，但我们作为包装设计师，应该具备敏感度，认识到是可以将这种场景作为包装设计策略的。如果场景靶标只能用在广告上，无法用在包装上，那么农夫山泉也不会将长白山地区的风景和野生动物放在包装上面，如图 4-11 所示。

图4-11

04　全面提升包装设计能力　135

将精美的绘制画面放到包装上的逻辑很好理解，野生动物和自然风光的画面，让你在饮用农夫山泉的时候可以感受到原始森林的纯净，让你觉得水既安全又甘甜。这么做的结果就是，用产品的生产场景让消费者联系到了消费场景，在解渴的生理满足之上还产生了愉悦的心理感受。

在去年的一个线下交流会上，有朋友问："农夫山泉为什么不直接标注产地是长白山水源地？"原因之一是长白山水源地是农夫山泉的产地之一，不是全部；原因之二是在吉林省白山市抚松县，农夫山泉、恒大冰泉、娃哈哈、泉阳泉都设有水厂，水源没有区别。农夫山泉当然不会在产品线上投入巨量的资源给其他品牌做广告。

农夫山泉婴儿水也是按照场景逻辑设计包装的产品，如图4-12所示。

图4-12

这款产品看似只是在包装上用文字注明了"适合婴幼儿"，实则针对目标客户下了很大的功夫，隐藏了一些非常巧妙的小"心机"。

适合婴幼儿饮用的水都是什么人在购买？谁喂宝宝喝水的次数更多？对于婴幼儿喝的水，家长最关心的是什么？这款产品针对具体的人和消费场景，甚至消费心理，都做了设计。

首先，这款产品的购买者显然不会是婴幼儿，而是以大人为主。在婴幼儿产品的包装上，可以画可爱的小鸭子、小企鹅之类的图案，明确受众群体，但农夫山泉没有这么做。农夫山泉主要考虑了成年人的心理；其次，喂宝宝喝水最多的通常是女性，女性的力量相对较小，1L 的容量不至于给女性造成负担，瓶体背面设计的把手，进一步增加了用水的方便程度；再次，家长对于婴幼儿喝的水，总是把安全性（卫生）放在第一位，1L 的容量约等于婴幼儿一天的用水量，不怕时间久了滋生细菌；最后，农夫山泉的品牌背书可以让消费者更愿意相信这款水是真的安全，真的适合婴幼儿饮用，消费者也会因为能够给孩子购买这样的专用水而产生优越感和自豪感。这种四位一体都能兼顾的包装设计能力，应该是包装设计师努力的目标。

3. 场景靶标要寻找的内容

场景靶标的应用范围如此广泛，那么我们在做包装设计时只刻画产品的销售场景、生产场景和消费场景，显然是不够的，否则就又回到了同质化竞争的怪圈，让自己的产品还是平淡无奇。场景靶标的使用关键点不是采用什么表达方式和画风，而是场景的外延，**即你用场景给消费者提供了什么样的价值锚点。**

通过采用下面几种方法可以寻找具备价值锚点的场景，如图 4-13 所示。

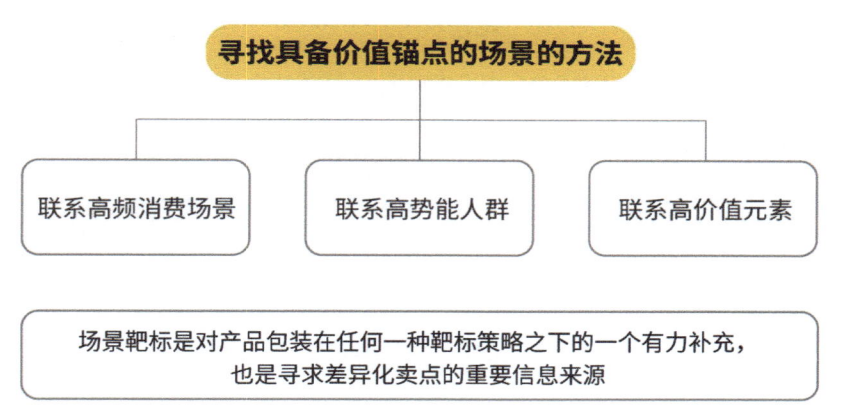

```
                寻找具备价值锚点的场景的方法
        ┌──────────────┬──────────────┬──────────────┐
   联系高频消费场景      联系高势能人群      联系高价值元素

   场景靶标是对产品包装在任何一种靶标策略之下的一个有力补充，
            也是寻求差异化卖点的重要信息来源
```

图4-13

联系高频消费场景。 和产品相关联的消费场景（此处提到的消费场景也包含产品的使用场景），有出现频率的差别。在众多的消费场景中，我们要优先选择出现频率高的消费场景，或者对出现频率高的消费场景进行延伸。出现频率低的消费场景虽然是事实，但力量远不如出现频率高的消费场景。农夫山泉与"煮饭仙人"的合作，就是联系煮米饭这个出现频率高的场景，借用"煮饭仙人"选择农夫山泉来侧面证明水质非常好。如果将此场景换成一个出现频率低的场景，那么打动消费者的可能性就低了许多。

联系高势能人群。 关键意见领袖（Key Opinion Leader，KOL）营销策略正在被广泛应用，网红经济的迅速崛起与关键意见领袖营销策略的实战能力超群密不可分。在做包装设计时，我们可以将KOL做延伸，让"关键意见领袖"不再局限于一个自然人。关键意见领袖还可以是一个企业、一个机构、一个渠道。关键意见领袖的高势能，是指其给予消费者的信任感或能打动消费者的购买理由。需要注意的是，这种联系高势能人群的包装策略一般不是独立存在的，而是起到信任状的作用。超级网红的推销、形象代言人、某赛事指定饮料、某机构指定牛奶、某渠道免检产品等起到的作用是，通过增加消费者对产品的信任感，在一定程度上促进销售。除此之外，产品还要在其他靶标上拥有核心竞争力，如在目标客户那里做好心智预售，这会比把流量明星代言作为唯一重要元素的产品包装策略更稳妥。

联系高价值元素。 联系高价值元素是指，在与消费者相关的元素中，确定哪些元素能给消费者带来功能性的价值和心理价值。这些高价值元素与产品靶标的显著区别如下。

产品靶标直接关联产品，对产品的功能或结果直接产生作用。比如，我们服务的碱原圣地东北大米，其中一个卖点是碱地鲜米，盐碱地对粮食的种植有一定的弊端，但是在经过改良之后，产出的大米无论从健康角度还是从口感角度都得到了显著的提升。这种直接作用与消费者的消费感受，我们在讲产品靶标时就已经梳理了出来，自然就按照产品靶标的逻辑进行了设计。

高价值元素通常间接影响产品或产品的消费体验，这种间接影响以心理因素居多。比如，我们在产地为四川和陕西的产品的包装上，见过很多大熊猫的形象，用珍稀的大熊猫来表达产品的珍贵和优质。大熊猫的形象没有直接作用于产品，而是通过心理暗示传递给消费者相应的信息。

场景靶标很好地解决了包装设计落地时经常会雷同的问题。因为场景的介入，避免了大米包装上都是稻田、牛奶包装上都是牧场、薯片包装上都是土豆的现象出现。

小结

在四个靶标中，产品靶标是包装设计师分析的核心。在寻找产品卖点的过程中，通过产品靶标梳理出来的产品卖点简单、直接，与目标客户的关联性强，因此产品靶标是最为稳健的包装策略。

心智靶标在包装设计上的应用难度并不大，但对产品的运营有很高的要求。不要认为创造出具有个性的词语，或者设计了一个IP，就等于进入客户心智了，产品要通过各种传播才会对客户心智产生影响。当甲方的营销策略和营销预算足以通过占领客户心智赢得市场时，运用心智靶标既可以事半功倍，又可以赋予品牌知行合一的文化内涵。

情绪靶标与场景靶标是包装设计策略的有力补充。在品类的同质化竞争激烈和通过前两个靶标找到的信息还不够的情况下，情绪靶标能够利用情感共鸣打动一部分消费者，合理使用情绪靶标能在一定程度上提高成交率。场景靶标的使用范围更加广泛，将产品联系高频消费场景、高势能人群、高价值元素，经常可以拓展出差异化卖点。

4.2
三个原则，聚焦卖点，让策略直入人心

卖点是本书探讨的核心内容之一，四个靶标已经说明了产品的卖点从何而来，接下来的工作是通过合理的规划为卖点找到合适的表达方法。4.2节的三个原则能够让大家快、准、狠地找到表达卖点的方法，如图4-14所示。

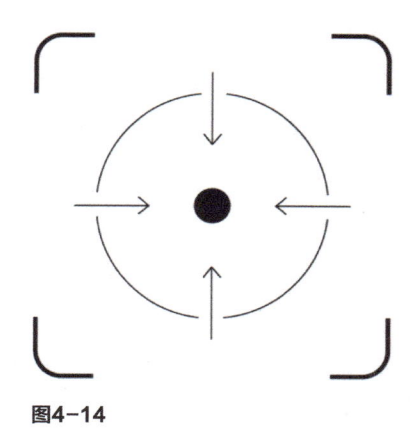

图4-14

4.2.1
卖点说得要快，避免逻辑游戏

卖点说得要快包含两方面的意思：一是要在尽量短的时间内传递信息，这就要求文字尽量简短，画面主题鲜明；二是要在短时间内让人理解你所表达的内容，这就要求表达逻辑清晰、直白，要告诉目标客户卖点是什么，而不是让目标客户猜卖点是什么。

日本的五十铃汽车在某个阶段的广告语是这样的："让我们来充分享受能多、快、好、省地运输货物的拖车头吧"。显然，这句广告语略长的篇幅和略显复杂的逻辑关系，阻碍了信息的传播。广告的费用按秒计算，这样做不仅多花了广告费，而且让目标客户听起来很累。不如改成"五十铃拖车头，多快好省"，既符合我们的语言习惯，又提高了传播效率。

大多数的地产广告、汽车广告在陈述卖点时惯用逻辑游戏，目标客户在读过之后不知所云，需要猜测对方要表达的是什么意思。我们在提炼包装上的卖点时，不要为了追求文字的意境而玩文字游戏。

4.2.2
卖点说得要准，针对明确的目标客户

面对不同的目标客户，我们要说不同的话，认知和消费习惯的不同直接导致你在与目标客户沟通时所说的话要有变化。比如，有人问笔者是做什么工作的，笔者会根据对方的情况做出不同的回答。如果对方的职业和设计行业无关，笔者会回答自己做平面设计；如果对方和笔者是同行，笔者会说自己现在专注于做包装设计。唯一出现的沟通难点是，几年前笔者八十多岁的奶奶一直好奇笔者到底是做什么工作的，那个时候公司还没有做包装设计，无论笔者跟奶奶讲自己是做 VI 的，还是做视觉识别系统的、做设计的，都沟通无果。后来当笔者想明白面对不同的人要说不同的话的时候，告诉奶奶自己是画画的。问题迎刃而解，奶奶已经知道笔者做的是和画画有关的工作了。如果按照这种方式处理卖点的表达，就基本做到了说得准。

即使面对相同的目标客户，由于场景的不同，我们也要说不同的话。同样是买啤酒，一个人在社区超市、在大型商超、在酒店、在酒吧等不同场景中购买的标准会有所不同，我们与之沟通的方式也应该做出改变。青岛啤酒在超市、酒店、酒吧等不同销售场景中采用了不同的包装，就是为了适应不同的消费场景中目标客户不同的购买标准。

4.2.3
卖点说得要狠，戳中痛点，方可放大竞争优势

笔者认为最不痛不痒的卖点就是"好"。"好"是一个模糊的概念，人们评判产品好坏的标准不同，所以你说的"好"对别人来说未必有价值。笔者作为吉他爱好者，认为琴弦是持续消耗的装备，多年来笔者有三个常用的品牌，三个品牌给笔者的使用感受如表 4-1 所示。

表 4-1 三个品牌给笔者的使用感受

品牌	耐用性	生锈	手感	音色	售价
Elixir	极佳	不生锈	手感很硬，按弦费力	很好	高
Martin	极差	极易生锈	手感柔韧，按弦轻松	极好	高
Ernie Ball	一般	易生锈	手感柔韧，按弦轻松	很好	中

从使用感受来看，笔者没有办法对哪个品牌更好做出评判。从产品的角度来说，与其说哪款产品好，不如说每款产品具体的优势在哪里，戳中痛点，才能让你的竞争优势放大。

Elixir 品牌的琴弦是镀膜琴弦，耐用性极佳（耐用性是指琴弦音色的衰减速度），不会生锈。笔者这种懒得频繁更换琴弦的用户，愿意为了耐用性牺牲一点音色和多花一点钱。耐用性佳和不生锈对笔者来说就是痛点。

Martin 品牌的琴弦的音色很有特点，在笔者的音色认知中属于极好的音色。在需要录音的时候，笔者愿意为了音色牺牲耐用性。这个时候，音色好就是笔者的痛点。

Ernie Ball 品牌的琴弦的特征是耐用性一般，比较容易生锈，但在琴弦张力衰减之前音色是很棒的，价格不像前两个品牌那么高，所以即使频繁更换琴弦，我也不心疼。这个时候，初上琴的音色很好、价格便宜就是笔者的痛点。

对于一款产品，只说自己好就会显得苍白无力，要说清楚自己到底好在哪里，狠狠地说出来，放大自己的竞争优势。

4.3 三种途径，对号入座，把构思变成画面

包装对于要表达的内容，有三种途径进行传递：文字阐述、绘制画面、真实拍摄。三种途径各有优缺点，我们在工作中可以根据项目的实际情况和自身习惯酌情选择一种或几种的组合，让构思变成画面，如图 4-15 所示。

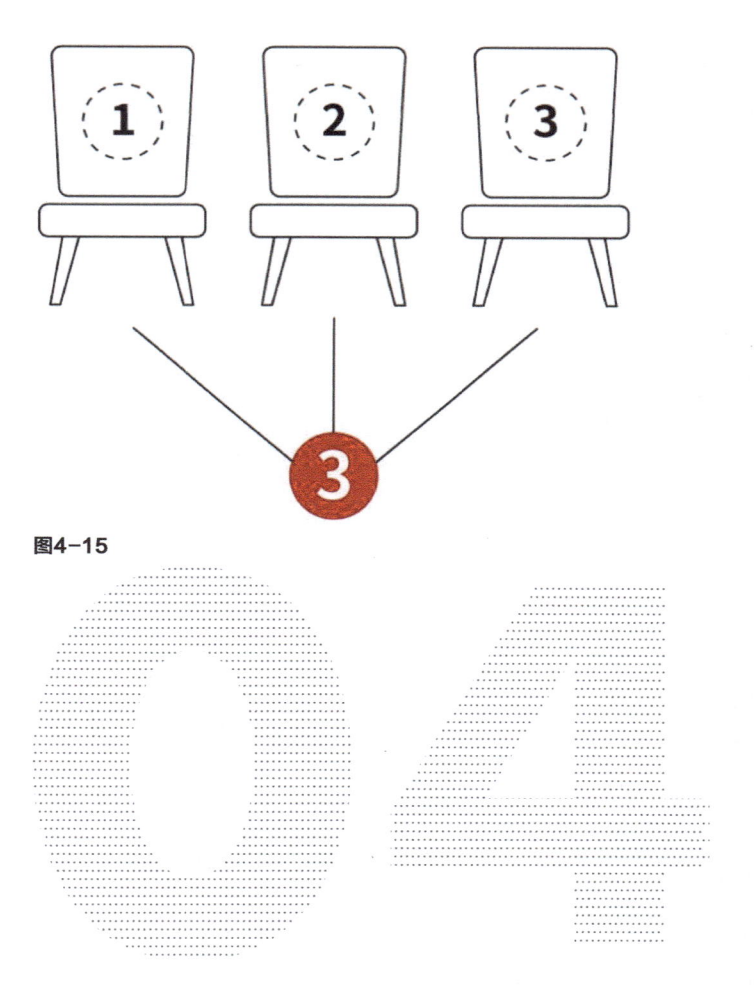

图4-15

4.3.1
文字阐述

1. 优点

　　文字阐述具有其他两种途径无法比拟的优点，即文字阐述传递的信息直接、准确。在通常情况下，文字阐述不会产生歧义，可以使你所表达的意思和目标客户获取的信息保持一致。在同等条件下，文字阐述的效率完胜其他两种途径。另外，当今货架上精美、花哨的产品包装很多，朴素的文字反而形成了视觉上的差异化。

2. 缺点

　　对设计师来说，纯文字排版的难度比较大。极简的包装要想做出设计感，不仅要将必要信息都体现出来，还要做得好看，这十分考验设计师的排版能力。

　　虽然你具备成熟的排版能力，可以采用文字阐述的方式做出商业逻辑清晰、设计审美在线的方案，但客户可能觉得你只是摆了几个字而已，不划算。在客户的认知中，手绘才是高级的。我们很难去改变别人的认知，这是采用文字阐述的包装非常少见的主要原因。

4.3.2
绘制画面

1. 优点

　　绘制画面的想象空间很大，画面张力可以由设计师自由掌握。相比冷冰冰的文字，绘制画面传递情绪和情感的能力无疑更胜一筹。这是因为在绘画中，我们可以在一定程度上改变人物或事物的透视关系、大小比例，进一步放大画面的张力，突出要表达的主题。

2. 缺点

　　设计师需要具备绘画能力。

　　精细的画面在特定的物料上无法实现精确的印刷。

　　绘制画面的时间长，修改、返工的时间成本高。

4.3.3
真实拍摄

1. 优点

　　虽然现在真实拍摄在包装上的应用日趋减少，但我们仍然无法撼动其优点。拍摄的照片能给予目标客户身临其境的感觉，5100矿泉水包装上的青藏高原照片、康师傅方便面包装上的红烧牛肉面照片，这种真实拍摄的照片对生理的愉悦刺激是文字阐述和绘制画面都很难做到的。很多预包装食品都坚持将实拍的照片（尽管照片有极大的艺术加工成分）作为画面的主体，就是为了刺激目标客户的味蕾，或者让目标客户切身感受某种意境。

2. 缺点

　　使用真实拍摄的照片作为画面的主体，需要有硬件设备的支持。

　　如果拍摄的是风景，由于地理位置和气候条件的限制，有可能成本巨大。

小结

笔者听过这样的观点：会画画的都在做手绘包装，懂摄影的都用照片做包装，什么都不会的才用纯文字做包装。对于这种声音，笔者本人很反感。首先，做纯文字的包装并不简单，如果你坚信纯文字包装是最简单的方法，说明你完全没有实践经验。其次，利用自己的长处来完成工作没有问题，扬长避短是正常的工作思维。

面对文字阐述、绘制画面、真实拍摄这三种途径，设计师不是要评比出哪一种途径更高级，而是要结合项目和自身的情况，做出选择，让设计工作更进一步。

4.4
十二个模块，把包装做出来

我们知道了在设计产品包装时怎么挖掘信息、选择信息、表达信息，剩下的事情就是把信息整合到包装上，把包装做出来。十二个模块以循序渐进的方式，逐一攻破设计师做包装设计无从下手的难题，如图4-16所示。

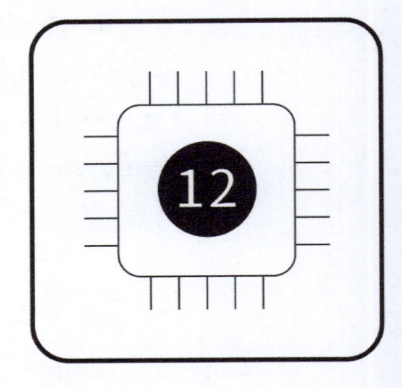

图4-16

4.4.1
纯文排版

纯文排版是包装设计的基础，包装上唯一不能被替代的要素就是文字。在产品包装中，纯文排版不是应用最广泛的，却是大多数设计师都忽略掉的基本技能。下面讲解四种简单易懂的排版方式，这样做的目的是寻找规律，通过系统性的训练轻松解决文字排版的问题。

1. 工字型

用"工"字来划分内容区域，在横版、竖版、方形版面上均适用。在实际应用中，设计师可根据产品特点、内容多少等自己决定，灵活运用。

几种常见的工字型排版样式如图4-17所示。

图4-17

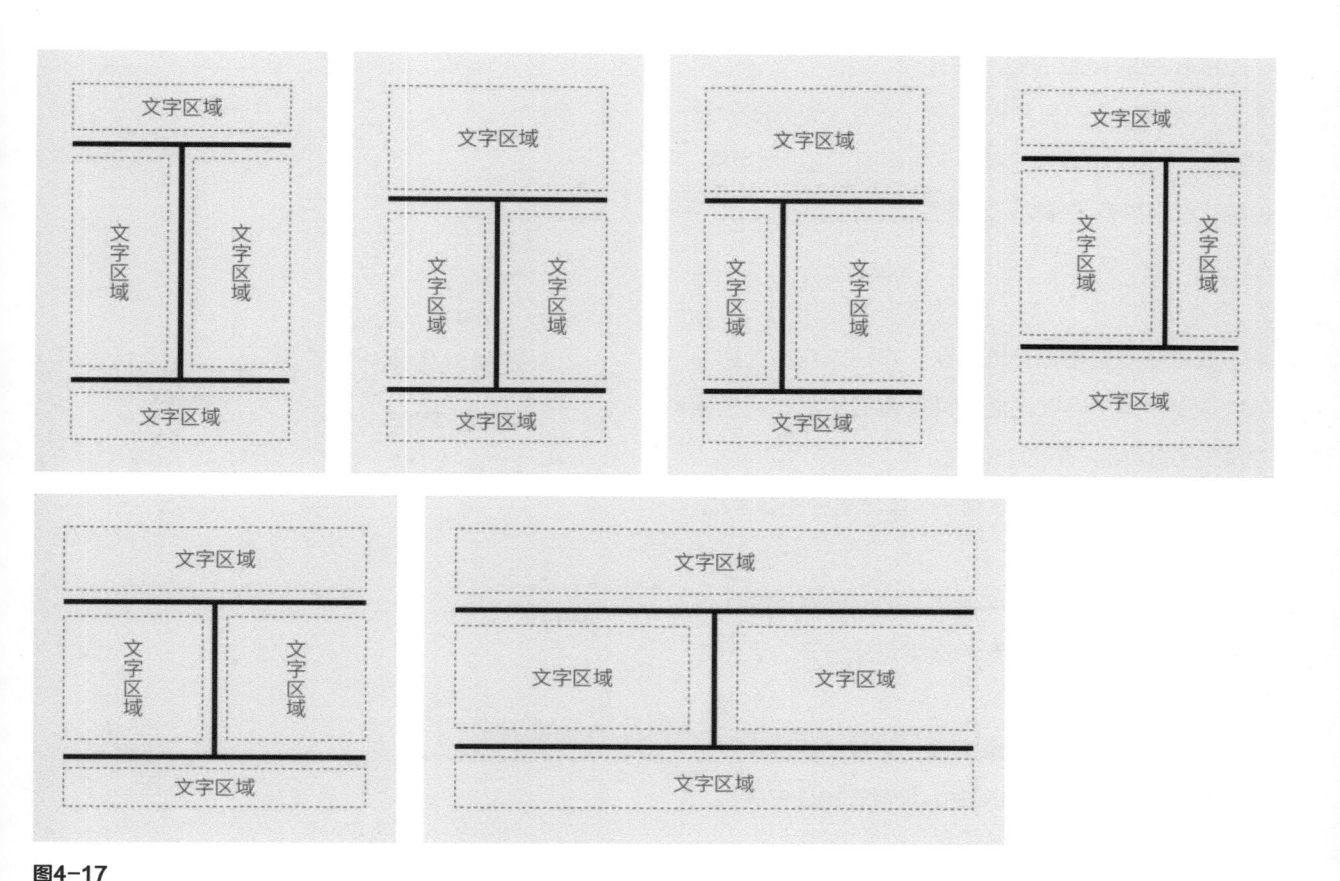

根据内容的层级关系、重要程度，划分大小区域，如图4-18所示。

区域1多放最重要的信息，面积最大，可放品名和企业Logo。

区域2、3多放次重要信息，可根据字数多少分为两栏，字号比区域1的字号稍小。

区域4放一般信息，净含量、厂名或其他信息可放此处，字号最小（常规文字字号≥6号）。

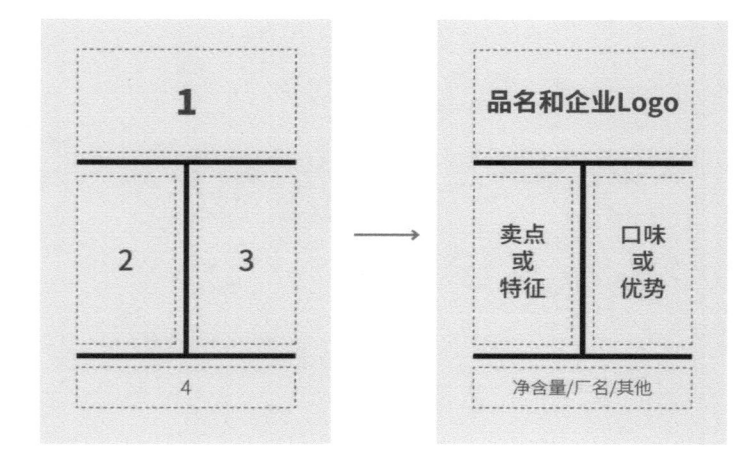

图4-18

04 全面提升包装设计能力　145

包装平面示例如图 4-19 所示。

在纯文排版的包装设计中,可用少量的图标、点、线、色块、徽章等元素来丰富画面,增加层次感,也能让画面具有多样性、趣味性。

2. 流水账型

流水账型是指像记流水账一样把内容从上到下依次放置,使内容在画面中间垂直居中分布,根据主次关系排列的一种设计方法。

在画面中间从上到下画一条垂直居中的参考线,如图 4-20 所示。

在排版前先梳理文字信息,把有联系的文字信息归为一类,把没有联系的文字信息分开,区分主次关系,如图 4-21 所示。

将最重要的文字信息突出,可将文字放大、加粗,也可变换字体、改变颜色,使其在画面中突出,最先被看到,如图 4-22 所示。

图4-19

图4-20

图4-21

图4-22

146　做包装:策略定位+视觉设计+印刷制作

将整理或设计好的信息沿着参考线排列,注意大小对比、疏密对比。

信息层级示意图和流水账型信息梳理示意图如图 4-23 所示。

包装平面示例如图 4-24 所示。

信息层级示意图

图4-23

流水账型信息梳理示意图

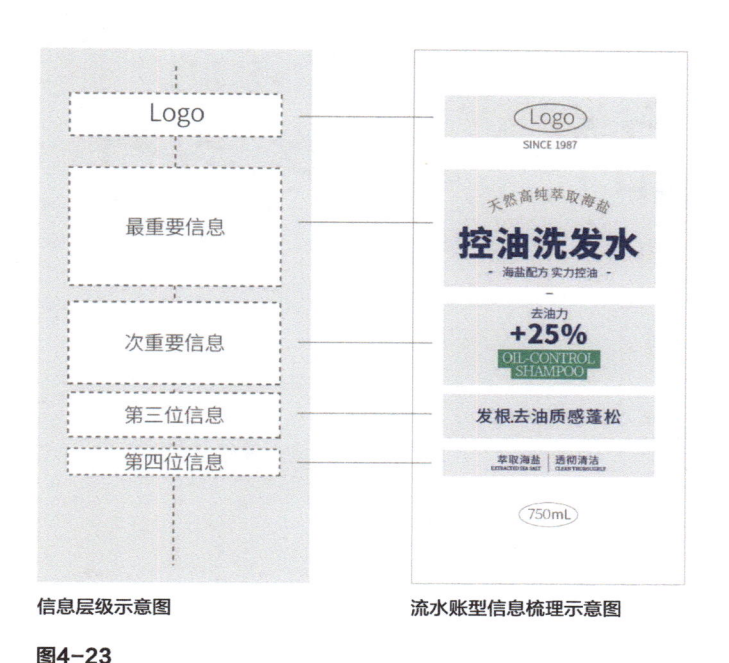

图4-24

3. 倾斜型

倾斜型是指把重要信息(如产品名)倾斜 10°~15°,以此来获得张力,适用于有活力、有力量的包装。如何倾斜?

倾斜的画面内容在整个画面中占三分之一或一半是最佳的。

倾斜角度不宜过大,角度过大会让画面失去平衡。

倾斜所产生的空缺处,可用 Logo 或其他信息填补,以平衡画面。

产品名倾斜如图 4-25 所示。

产品属性等文字信息可随产品名的角度倾斜,如图 4-26 所示。

图4-25

图4-26

04 全面提升包装设计能力　147

将卖点、优势等其他信息摆正，放置下方，可上下排列或左右排列，如图 4-27 所示。

净含量和厂家信息可放置在最下面（净含量大小需要符合标准），如图 4-28 所示。

图4-27

图4-28

为了填补倾斜内容与不倾斜内容之间的空隙，可增加图标、印章等元素，印章可与其他文字叠加，产生层次效果，也可将净含量放置此处，如图 4-29 所示。

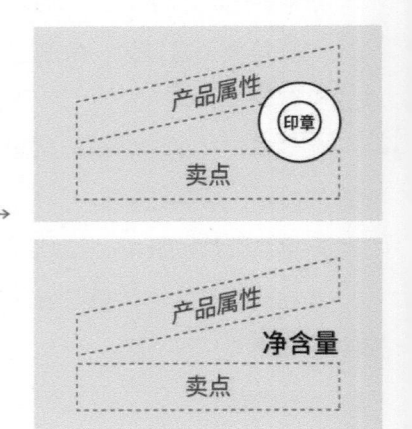

图4-29

效果图如图 4-30 所示。

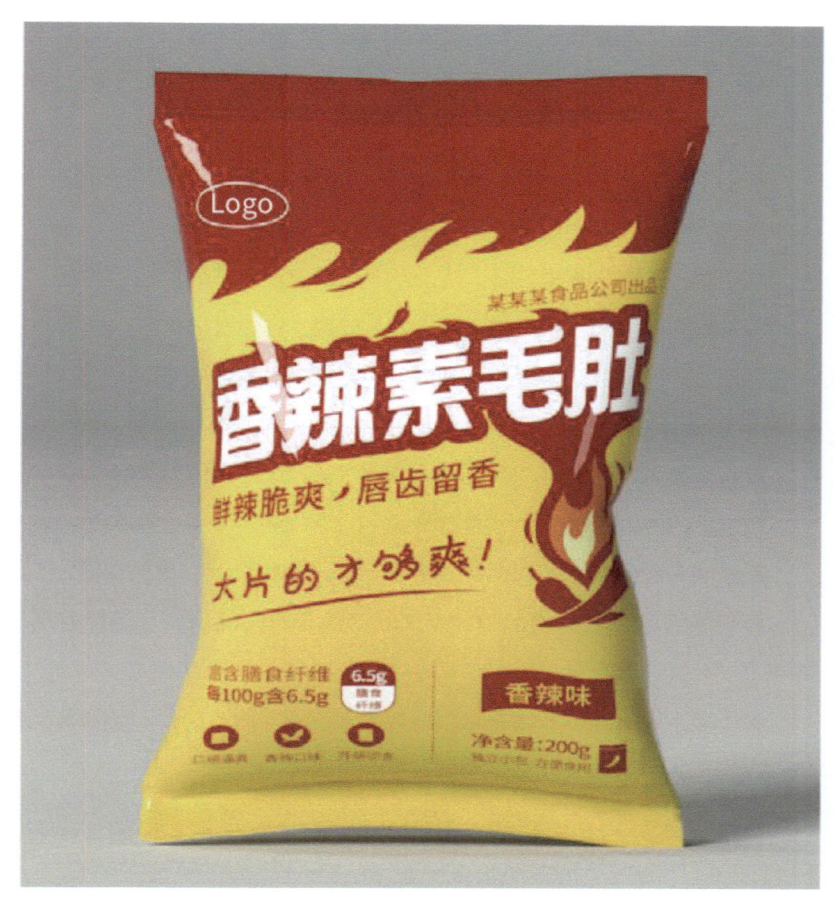

图4-30

提示

为了填补空白区域，可将印章或者净含量放置此处，印章可与卖点穿插，产生层次效果，如图 4-31 所示。

图4-31

04 全面提升包装设计能力

4. 报纸型

报纸型是指把大部分信息都展示在包装上，先把信息整理分类，再按照主次、疏密进行放大或缩小的排版，适用于字多的包装。

首先，在版面上画一个大框，确定内容摆放位置，留出版心位置，框不宜太接近边缘，如图4-32所示。

其次，找出重点信息，把整理好的信息全部放进框内；

两端对齐，按照阅读习惯，从上到下、从左到右排列；

将希望别人最先注意到的信息放大、加粗，其他次之；

可加入拼音或英文来增加画面细节（英文或拼音注意方向）；也可把信息变换方向，竖向排列，增加层次感与多样性，以免造成阅读疲劳，如图4-33所示。

最后，通过改变字体、字重、颜色等方式，让主要信息醒目；

对于其他层级的信息，可通过改变字间距、字体、字号、字重、颜色，来获得层次感；

对其他关键信息，如卖点、数字等，进行深化设计，增加画面细节；

有关联的信息之间紧密些，无关联的信息之间疏远些，这样就形成了分层分块，不会造成阅读障碍，如图4-34所示。

由于文字较多，可在信息之间增加少量的点、线、符号、印章等元素来进行分割，以免造成阅读障碍。

包装平面示例如图4-35所示。

图4-32

图4-33

图4-34

图4-35

> **提示**
>
> 包装上所体现的文字，需要符合《中华人民共和国广告法》的规定，此包装只是为了展示设计方法，并没有实际应用。

4.4.2
画面覆盖

画面覆盖是指先用插画或其他内容将包装大部分覆盖，再将文字信息叠加在画面上，用大幅画面营造氛围，用文字叠加产生层次效果。画面覆盖可应用在瓶、包装袋、包装盒、包装箱、手提袋、桶等上。

根据覆盖范围，画面覆盖可分为全覆盖、半覆盖等，如图 4-36 所示。

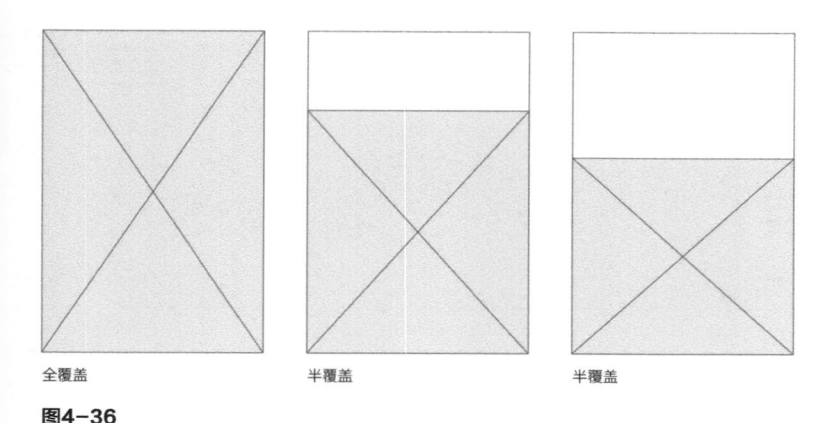

全覆盖　　半覆盖　　半覆盖

图4-36

画面覆盖可以应用在正方形、长方形、圆形、三角形的包装上，不受版面限制，如图 4-37 所示。

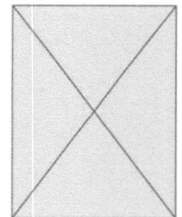

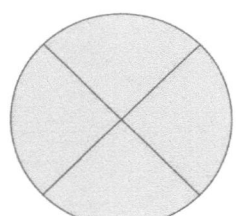

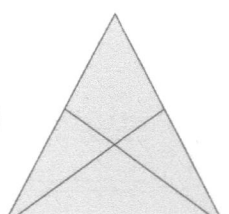

图4-37

文字与画面的叠加可大致分为三种形式：文字直接叠加在画面上；文字加色块叠加在画面上；文字加色块和元素穿插叠加在画面上。

文字直接叠加在画面上

按照文字信息的重要程度，通过采用改变颜色、字号等方式，让其在画面中醒目，以达到有效识别的目的，如图 4-38 所示。

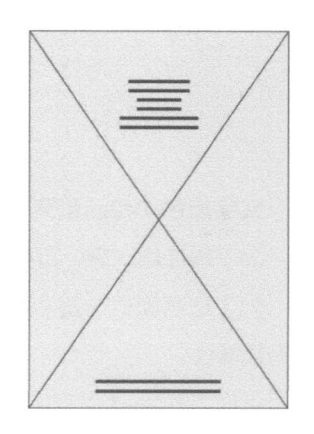

图4-38

文字加色块叠加在画面上

当画面颜色过多、较复杂时，想要突出文字信息，可在文字下方加色块叠加到画面上，起到突出主体文字的作用。色块的位置、形状、数量、大小、颜色，可根据画面整体效果及要表达的主题而定，没有过多要求。几种常见的色块位置如图4-39和图4-40所示。

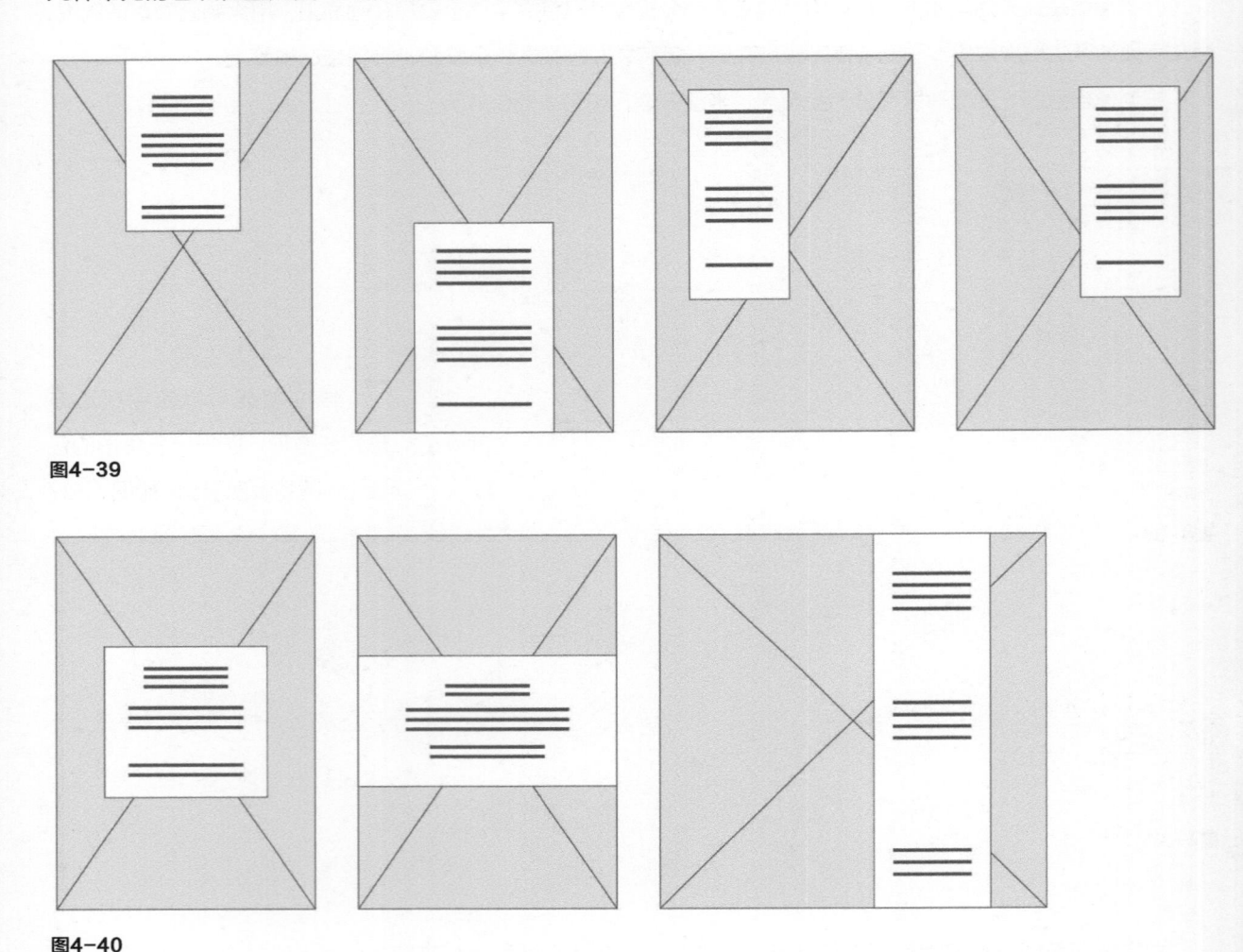

图4-39

图4-40

文字加色块和元素穿插叠加在画面上

为了增加层次感，可把少量底层画面的元素叠加到色块上方。

为了让画面更丰富，可以在色块的上方再叠加一些元素，如徽章、图标、线条、手写字体等，让整个画面富有趣味性。

色块的位置、大小、颜色需要根据整体画面的情况来设计，内容可以是一些关键信息，如卖点或者数字，如图 4-41 所示。

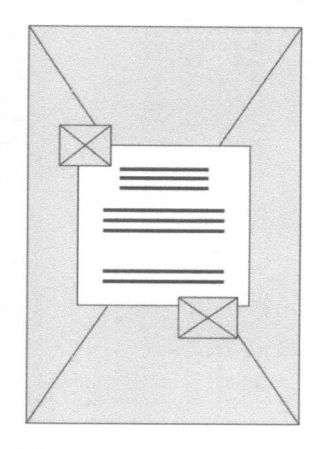

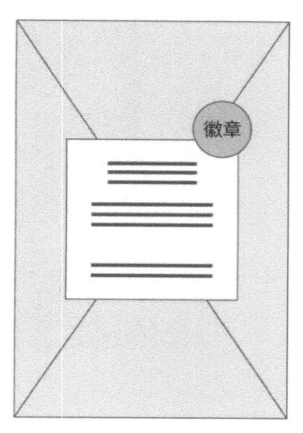

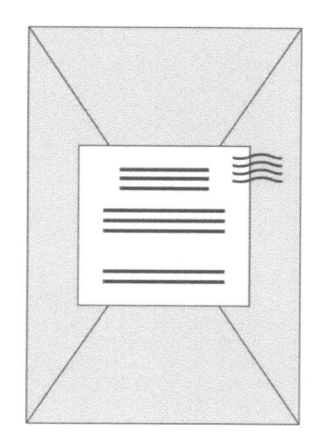

图4-41

为了更好地表达设计主题，让画面更富有变化、多样性，我们可以设计多种色块形状，如拱门形、旗形、邮票形、圆形、异形等，也可以同时使用多种形状的色块，如图 4-42 所示。

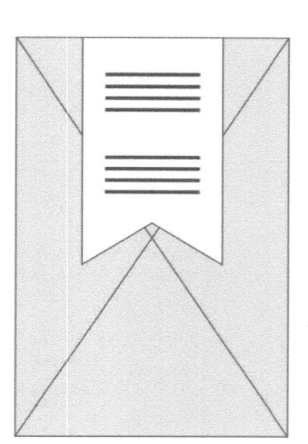

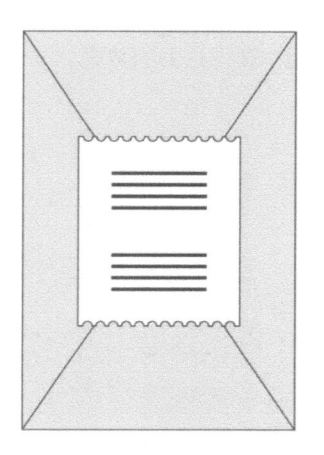

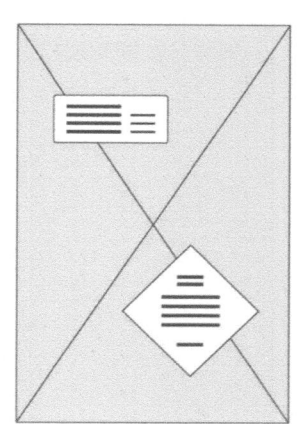

图4-42

效果图如图 4-43 所示。

图4-43

4.4.3 色块分割

  色块分割是指用色块来分割画面，用色块的大小形成对比，让画面层次更丰富。色块可以划分版面，充当装饰，在视觉上使各个元素不会堆叠在一起，使画面更规整。色块分割不受版面限制，横版、竖版、方版等均可以使用。色块分割常用在背景层，作为背景来装饰画面。

  色块分割可分为水平分割、垂直分割、斜线分割、异形分割，如图 4-44 所示。

  水平分割和垂直分割能起到平衡画面、产生对比、区分主次的作用。

  斜线分割能实现打破平衡、获得张力的效果。

| 水平分割 | 垂直分割 | 斜线分割(横向) | 斜线分割(纵向) | 异形分割 |

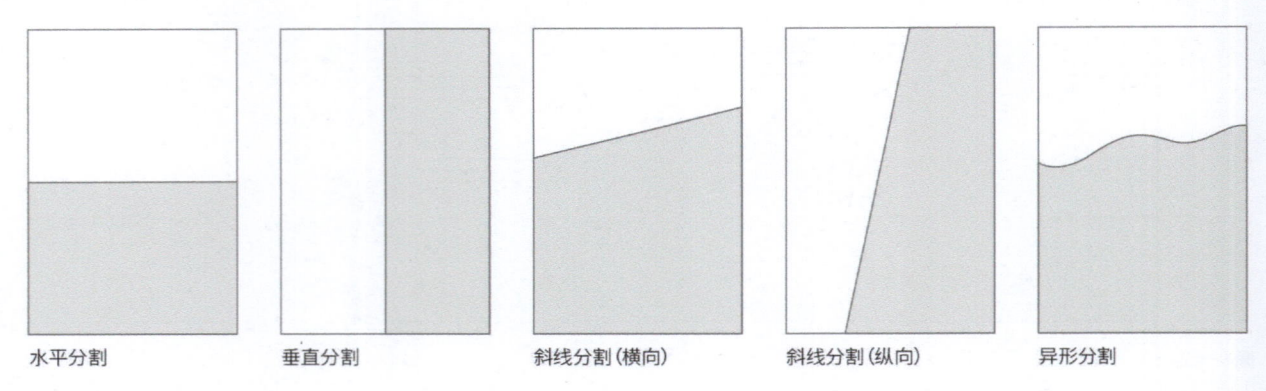

图4-44

分割类型大体可分为五五分、四六分、八二分和九一分等，由产品画面和表达的主题所决定，如图4-45所示。

五五分：能平衡画面，产生对比。

四六分：区分主次，建立层次。

八二分和九一分：烘托主体，起到装饰作用。

五五分　　四六分　　八二分　　九一分

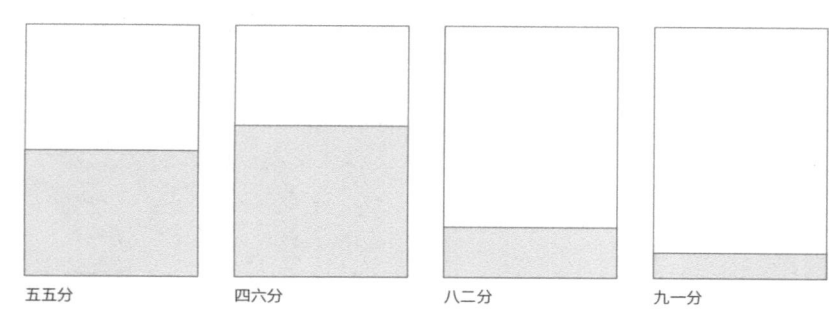

图4-45

异形分割

异形分割是在前面介绍的分割类型的基础上进行的延伸，用水、火、波浪、草地、山等元素来分割、装饰画面，这些元素的选择取决于产品属性和设计主题，如图4-46所示。异形分割可应用于果汁、牛奶、热辣产品等包装的设计。

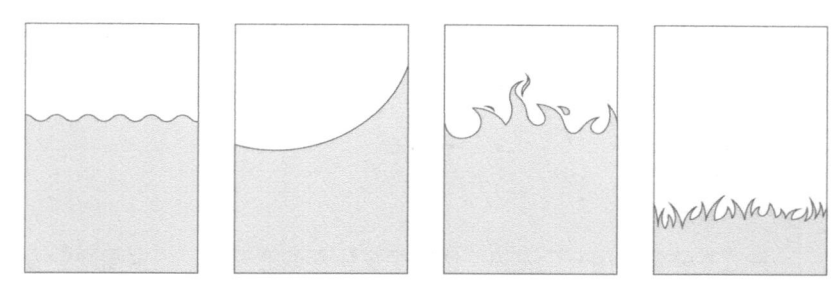

图4-46

文字、图案可放置在色块两侧，也可叠加在色块上。图案的数量与大小均没有限制，由产品属性和设计主题决定。笔者列举出几种方式，以供参考，如图4-47所示。

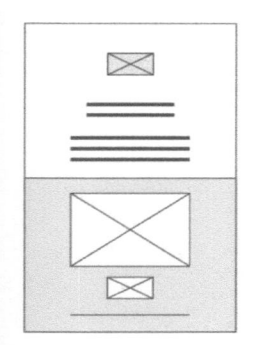

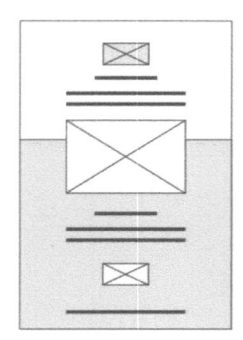

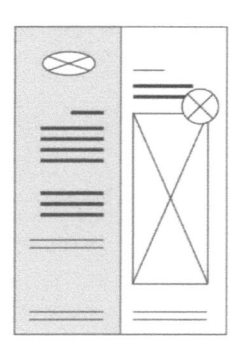

图4-47

04　全面提升包装设计能力

产品包装采用色块分割的效果图如图4-48所示。

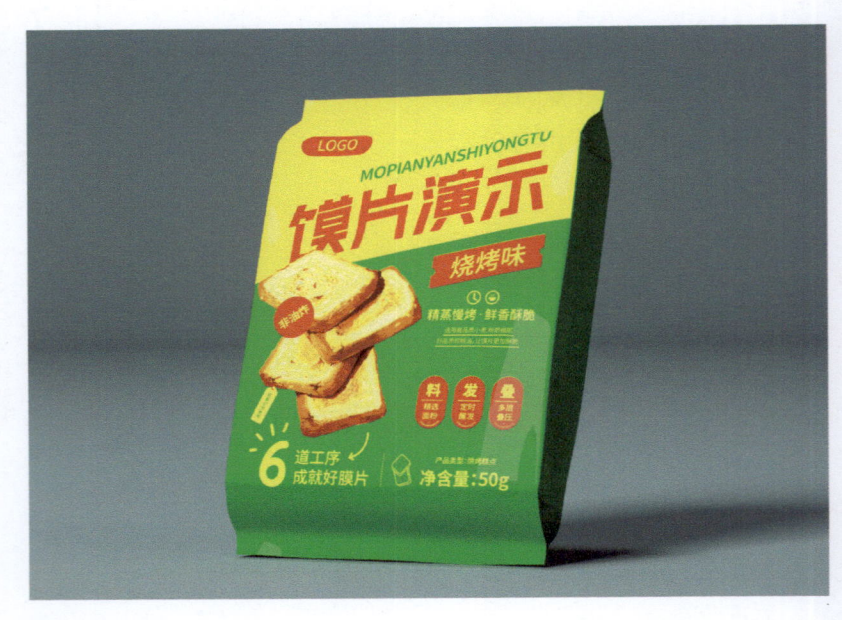

图4-48

4.4.4 独立主体

独立主体是指用一个主体，或两个主体形成的整体，占据画面中心或较大的面积，精致地刻画主体，突出主体。背景可用纯色或渐变色来衬托主体。此方法可使用人物、动物作为主体，使画面醒目、视觉效果强烈。

独立主体一般展现整体或物体的大部分，通过精致的刻画，来突出主体，如图4-49所示。在视觉上，采用独立主体的画面引人注目，达到令人驻足的目的。

图4-49

画面的主要文字信息需要与主体风格保持一致，让整体协调统一。

对于人物、动物、拟人化的事物，可以通过对话框的形式来表现产品的属性、口味、卖点等信息，如图 4-50 所示。

在细节上可以增加与主体有关联的元素，放置在主体周围（注意不要喧宾夺主），丰富画面，增强活力，如图 4-51 所示。

图4-50

图4-51

产品包装采用独立主体的效果图如图 4-52 所示。

图4-52

04　全面提升包装设计能力

4.4.5 包围

　　包围是指先用图片将文字信息包起来，形成一个封闭或者半封闭的空间，用图片吸引目光，再引导视线聚焦到文字上的一种设计方法。此方法不受版面、位置、大小、图片形状的限制。

　　包围可分为全包围和半包围，如图 4-53 所示。

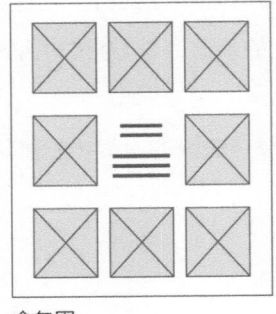

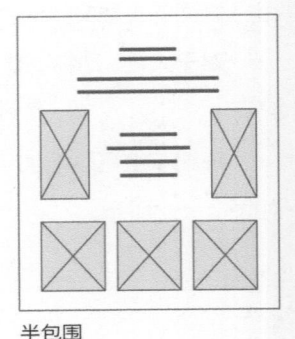

　　包围可以在画面的中间，也可以在画面的某处，可以是规则形状，也可以是不规则形状，如图 4-54 所示。在使用包围的画面中，图文有关联，风格统一，使用的元素与产品之间有联系。

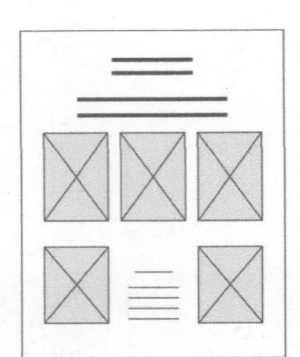

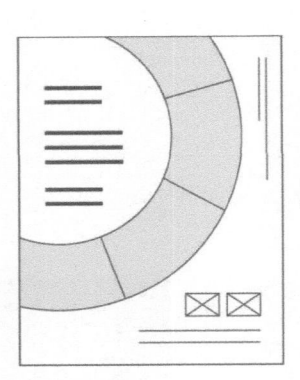

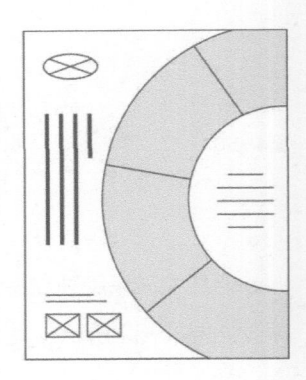

全包围　　　　　半包围

图4-53

图4-54

　　产品包装采用包围的效果图如图 4-55 所示。

图4-55

4.4.6
图文结合

图文结合是指用图片和文字的组合来表达一个内容，或者用多个元素来诠释一个卖点，它由多个元素组合而成，可以深化印象。这种设计方法比较有趣、活泼、灵动。图片和文字信息要风格统一、协调一致。图文结合与画面覆盖的本质区别在于文字与图片之间建立了联系。

图文结合可以采用多种方式来实现。

叠加结合：图片叠加在文字上（图叠文）；文字叠加在图片上（文叠图）；文字与图片穿插叠加（图文穿插叠加）。图片和文字的大小、位置、角度，由实际情况而定，没有固定要求，如图4-56所示。

图叠文　　　　　　　　　文叠图　　　　　　　　　图文穿插叠加

图4-56

分散结合：主体旁边延伸出一个与主体有关联的形状，在上面叠加文字，如图4-57所示。

图形结合：设计出与产品有关的形状，在上面叠加文字，来表达口味、容器、成分等具体内容，如图4-58所示。

图4-57　　　　　　　　　　　　　　　**图4-58**

产品包装采用图文结合的效果图如图4-59所示。

图4-59

4.4.7
Logo

　　Logo 设计方法是指先将品牌的 Logo 突出或将产品名称放大，再利用 Logo 进行图标创作，放置在画面中心或其他重要位置，弱化其他信息。创作的图标在画面中占比较大，这种设计方法简单明了，有冲击力。Logo 设计方法适合运用在品牌号召力比较强的产品的包装设计上。按照本书四个靶标的划分，Logo 设计方法属于心智靶标的运用。

Logo在画面中的占比应达到三分之一或二分之一以上，弱化其他信息。设计师也可以通过大面积的留白来增强Logo的存在感，如图4-60所示。

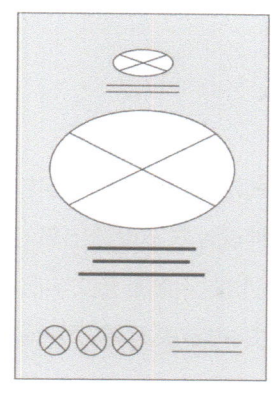

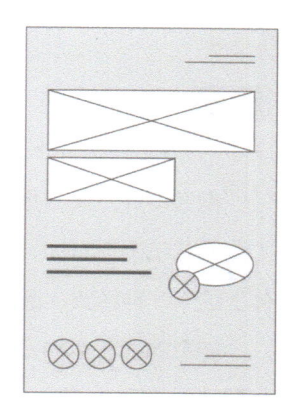

图4-60

产品包装采用Logo设计方法的效果图如图4-61所示。

图4-61

04 全面提升包装设计能力 161

4.4.8 徽章

　　徽章设计方法是指将图形与文字结合，以徽章的形式组成包装画面，用较多的元素装饰画面，把主体物或主体文字包围在其中，形成一个较为封闭的空间。用这种设计方法设计出来的画面内容丰富、形式紧凑，在整体上给人一种精致、饱满的视觉感受。在采用徽章设计方法时，图形和文字信息要风格统一、协调一致。

　　徽章的形状多种多样，由产品特性及设计师所要表达的内容决定。常见的徽章形状包括单一形状、复合形状、不规则形状等，如图4-62～图4-64所示。

单一形状

图4-62

复合形状

图4-63

不规则形状

图4-64

徽章设计方法的构图按照内容摆放位置，大致可分为下面几种类型。

上下构图

画面的内容整体上呈上、下两部分，或者呈上、中、下三部分。内容可在画面内部，也可冲出画面，画面内容跟随外形轮廓进行变形。拱形结构的构图如图 4-65 所示。

上下　　　　上中下

图4-65

包围构图

可用图形、文字、点、线等元素或者这些元素的组合，将主体包围其中，使画面呈现包围构图。此类构图画面紧凑、饱满，是徽章设计方法常用的构图手法。画面中部分元素可冲出画面，让整体构图更灵活，趣味性更强。画面形状不受限制，可以是任意形状，如图 4-66 所示。

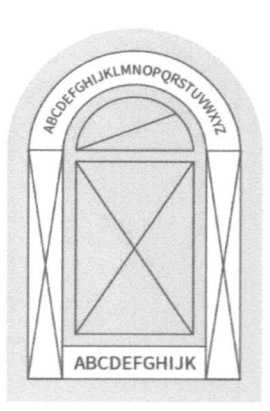

图4-66

04　全面提升包装设计能力

一分为二构图

一分为二构图是指画面内容是一个整体，或者是由分散的、统一风格的内容组成的整体，中间用文字把画面切割或覆盖，一分为二。一分为二构图在版面上不受限制，可以使用任意形状，如图 4-67 所示。

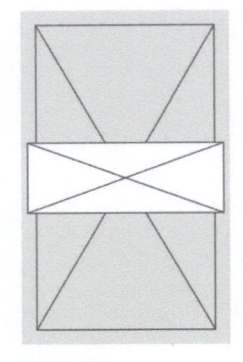

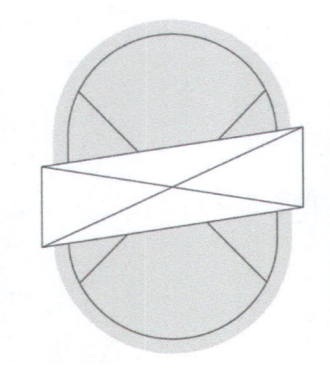

图4-67

徽章设计方法的装饰元素要选择与产品有关的元素，如产地、气候、环境、卖点、口味、成分等。

其他装饰元素：飘带、花、鸟、鱼、点、线（双线、多层线、放射线、箭头）、波纹、底纹、太阳、月亮、星星、云、闪电、山、树、叶子、稻穗、数字、字母等。

采用徽章设计方法的包装平面图如图 4-68 所示。

产品包装采用徽章设计方法的效果图如图 4-69 所示。

图4-68

图4-69

4.4.9
局部放大

　　局部放大是指将主体的一部分进行放大，展示在包装上，通过放大细节来获得强烈的视觉冲击力，让人产生想象的空间。局部放大与独立主体的区别在于，局部放大是将整体的一部分进行放大展示，主要体现对细节的刻画。

　　局部放大不受版面限制，位置、角度也没有限制。当产品特征较多时，可以选择 1～3 个进行放大展示，如图 4-70 所示，将所有特征都放大，效果可能不佳。

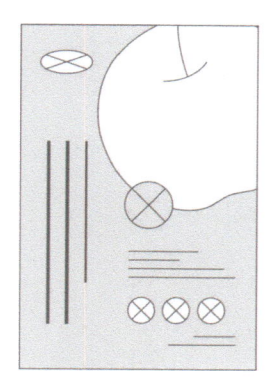

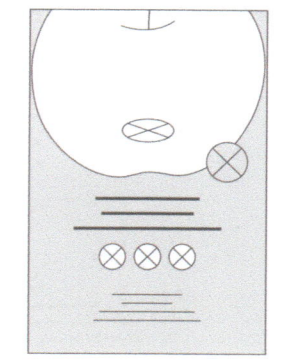

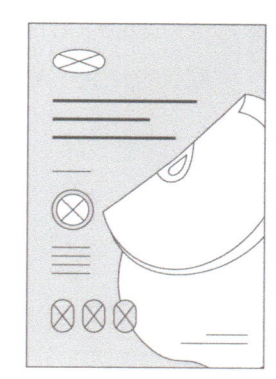

图4-70

　　产品包装采用局部放大的效果图如图 4-71 所示。

图4-71

04　全面提升包装设计能力　　165

4.4.10
底纹

　　底纹设计方法是指将与产品有关联的元素设计成底纹，放置在画面背景层、一角或侧面等位置，在面积上可以占据整幅画面，也可以占据部分画面，起到装饰画面、增加层次、让画面更饱满的作用。底纹可以由线条、几何图形、色块等连续的图案组成，版面、位置、大小、形状、角度不受限制。这种设计方法被大量应用在运用"超级符号"理论的设计师的作品中。

　　底纹的应用方法如图 4-72 和图 4-73 所示。

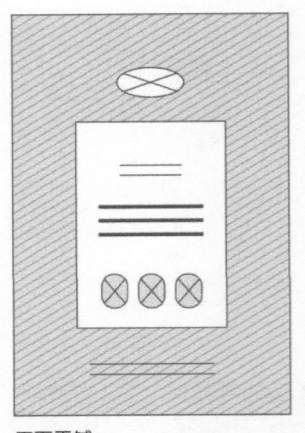

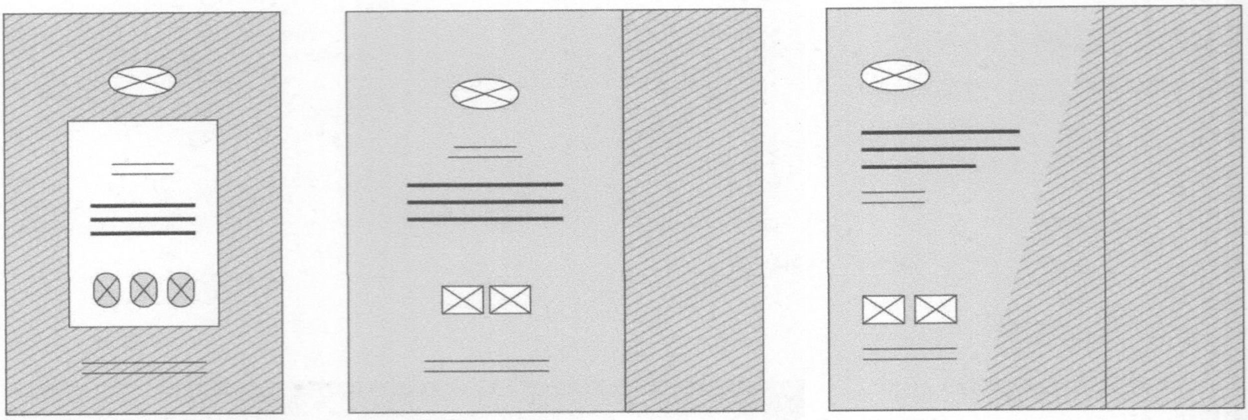

正面平铺　　　　　　　　侧面平铺　　　　　　　　正、侧面衔接

图 4-72

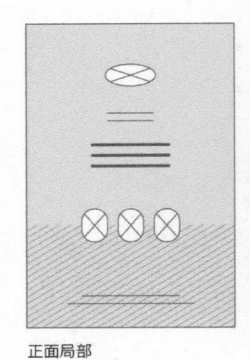

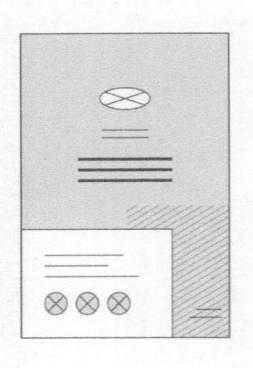

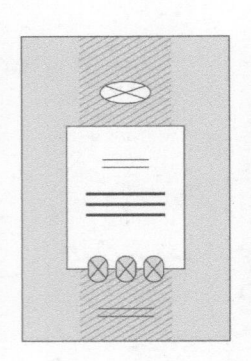

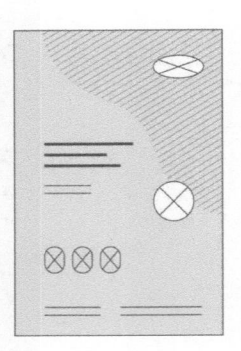

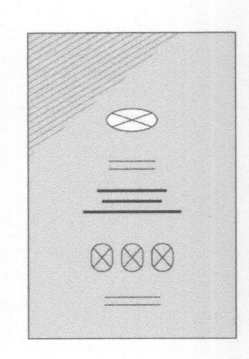

正面局部

图 4-73

166　　做包装：策略定位+视觉设计+印刷制作

产品包装采用底纹设计方法的效果图如图 4-74 所示。

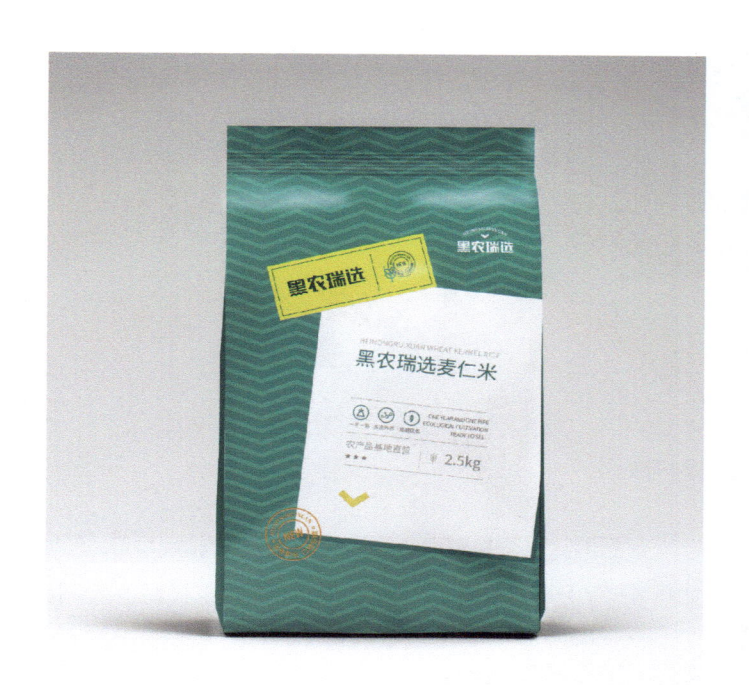

图4-74

4.4.11
镂空

镂空设计方法是指将包装的某部分进行镂空模切或透明开窗，便于更好地展示内部产品，镂空的形状可与包装画面结合，呈现出更多的可能性。这种设计方法不受版面限制，镂空位置与大小根据实际情况而定。

几何图形镂空是最常见的镂空方式，制作成本相对较低，如正方形、圆形、三角形、菱形等几何图形镂空，如图 4-75 所示。

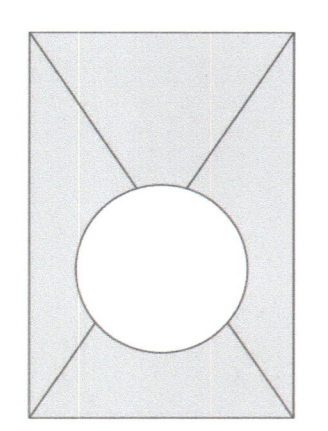

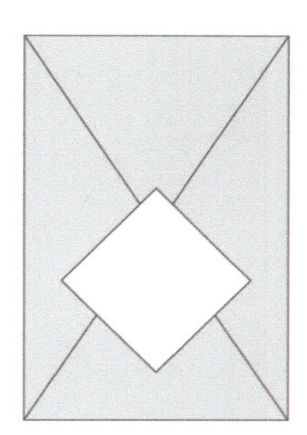

图4-75

04 全面提升包装设计能力　167

进阶版几何图形镂空是指在设计上让几何图形与产品产生联系，让镂空与画面虚实结合，如图4-76所示。

图4-76

自然形状镂空是指在表现产品的成分、气味、口味、产地等时，可按照植物、食材、风景等图形进行镂空设计，如图4-77所示。由于自然形状镂空需要异形模切工艺，因此成本会略高。

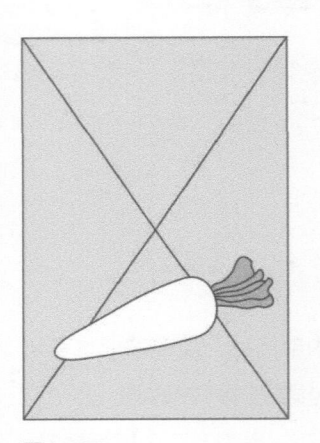

图4-77

器皿形状镂空是指按照锅、碗、盘子、杯子等的形状进行镂空设计，如图4-78所示。

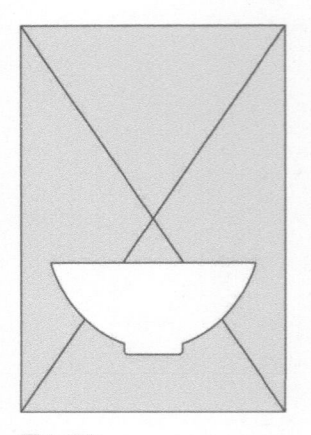

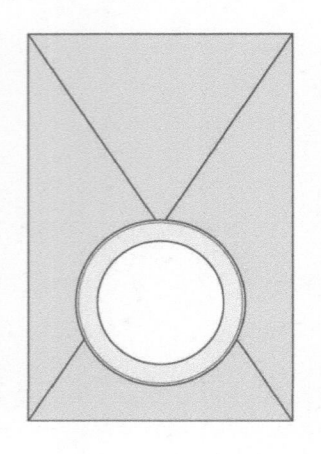

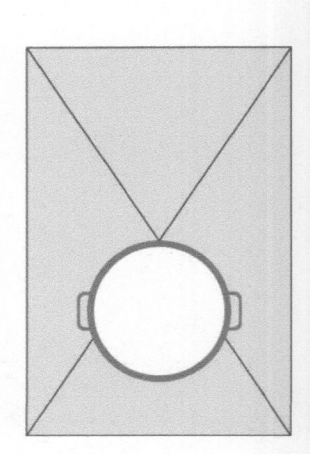

图4-78

趣味镂空是指将镂空与包装画面结合，组成具有趣味性的画面，让产品包装更生动，如图4-79所示。

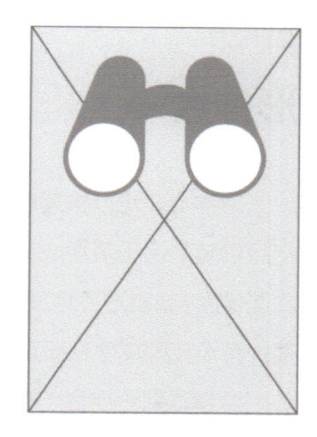

图4-79

产品包装采用镂空设计方法的效果图如图4-80所示。

图4-80

4.4.12

形神合一

　　形神合一可以被理解为进阶版的图文结合，让包装上的图文、产品形态都能融合起来，形成立体、连贯的产品包装。由于落地成本和甲方思维等种种条件限制，形神合一在实操中的应用难度比较大，能见到的通常是文创作品，或者对落地成本不敏感的礼盒包装。与其说形神合一是一种设计方法，不如说其是设计师努力的目标，很少有设计师能够在既定的客观条件下设计出形神合一的作品。

　　要想达到形神合一的目标，设计师可以从以下四个方向着手，让产品与包装融合得更好。

1. 体现产品形态

　　用产品的原料或者产品本身作为包装的外观，可以让产品包装给人的视觉感受更鲜活。番茄酱的包装示例如图4-81所示。为了与货架上的瓶装和袋装番茄酱形成差异，可以用番茄形状的容器装内容物。这在形成视觉差异的同时，还能在一定概率上获得消费者的主动传播。

图4-81

2. 包装立体化

　　包装立体化是指通过连续画面让盒形包装的几个面构成统一整体。这样做的好处是不增加包装的落地成本，仅从设计角度就能达到形神合一的目标。在图文结合的基础上，建议设计师将包装的各个面连贯起来，让盒形包装的四个面甚至六个面都有呼应，让包装看起来更有趣味性，如图4-82所示。

图4-82

3. 概念融合

除了包装的外形和外包装的连续画面，我们还可以将某些概念融入包装设计中，如将包装设计与品名相融合、与文化相融合、与产品生产过程相融合等。概念融合的目的在于将产品与某一个常见的概念建立联系，获得一种外观独特但符合逻辑的产品包装。

当产品的品名是"大白梨"时，引入梨形的外包装就很符合逻辑；产品是粽子，可以引入龙舟的外形与包装融合；从生产过程来看，以金枪鱼罐头为例，可以将渔民的小船与罐头的外形建立联系，如图4-83所示。

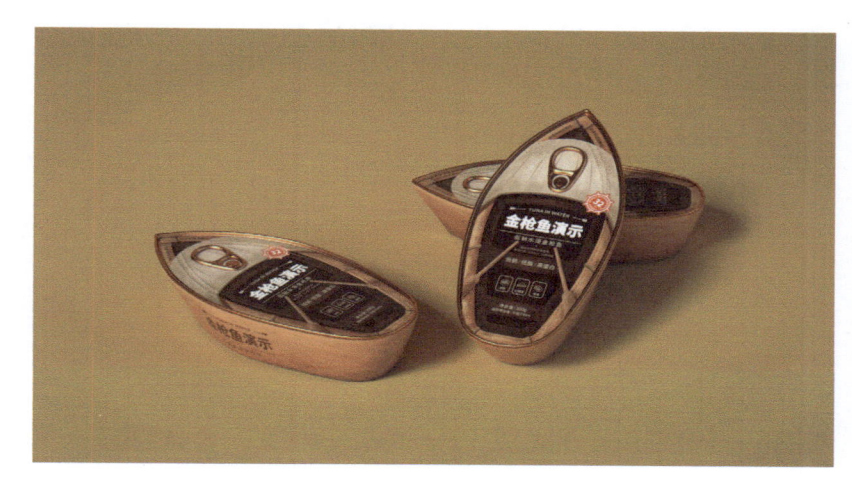

图4-83

4. 与用途融合

产品的用途是为包装提供灵感的重要素材，由产品的用途可以延伸出很多切入点，设计师可以将这些切入点作为画面构图的依据。比如，产品的使用场景、产品的储存容器（见图4-84）、产品的使用感受等，都是延伸出的切入点。找到合适的切入点，往往会让画面不再枯燥或生硬。

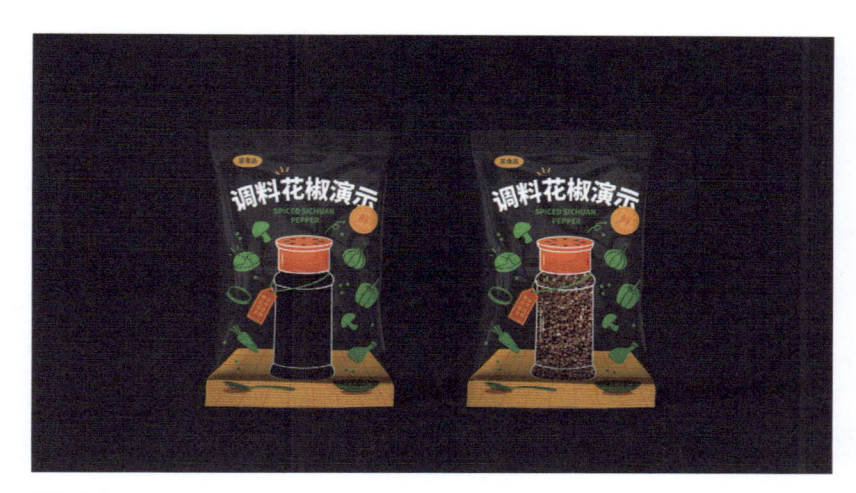

图4-84

4.5
如何给客户提案

设计提案是设计成果的集中展示，在设计提案中要体现设计师的专业度和对项目的重视态度。使用规范化的提案文件和预留设计方案的"小心机"，都会提高过稿率，如图4-85所示。

图4-85

4.5.1
提案文件规范化

规范化的提案文件不仅能提高团队内的协作效率，还能提高过稿率。设计师可以参考以下内容将提案文件的结构固定下来。

1. 封面

  在等待讲解或做开场白的时候将封面显示在屏幕上，一方面表示设计公司对提案的认真态度，另一方面将观看者的注意力拉到设计提案当中来。封面的设计风格代表了整个提案文件的风格，最好与设计提案有所呼应，前后统一的视觉感受可以让观看者更专注于提案内容，如图4-86、4-87所示。

图4-86

2. 设计策略概述

  先行指出在设计过程中运用了怎样的设计策略，可以给予客户对设计提案的预期，告诉客户我们要做什么、不做什么，如图4-87所示。

图4-87

  如果你有自己的独立方法论，或者擅长运用某一个被大家熟知的设计方法，可以在概述设计策略之前插入你的方法论概述，让观看者了解你的思维模式，从而进一步专注于接下来的提案内容。

3. 设计方案文字描述

  在展示示意图或效果图之前，要总结每一个方案的关键词，用于概括这一套方案要达到什么目的。建议每一页的文字篇幅要小，让观看者在几秒钟之内就可以阅读完毕；为了突出关键词，可以将文字部分拆分成两页，如图4-88和图4-89所示。

图4-88

图4-89

04 全面提升包装设计能力

4. 展示示意图或效果图

在对每一个设计方案进行文字描述之后，逐一展示示意图或效果图。图片按照从整体到局部、由少到多的规律排列，展示起来具有流畅感。

5. 方案对比

将所有设计方案放到一个页面中展示，方便客户直观地做对比。

6. 致谢

出于礼貌，在每一个设计提案文件的最后，笔者都会放一个致谢的页面，如图4-90所示。这样可以在讲解完毕之后停留在这一页面，让提案的过程有头有尾。

图4-90

4.5.2
预留设计方案的"小心机"

首先，设计方案的提报不要追求给予客户惊喜，我们所表述的观点和想法应该是在沟通过程中已经达成的共识，商业洞察和设计策略的制定是双方认同的观点。要让客户明白，设计方案如果做得好，有一半的功劳在于客户的参与。

其次，在设计方案中如果出现既符合商业逻辑又符合客户要求的设计细节，必须在展示中放大并做标注。客户的具体要求被采纳会大大提高客户选中该方案的概率。

最后，当设计团队对某一个设计方案有明显推荐倾向时，不要将这个方案放在第一个。经过统计，在近三年的设计项目中，客户选中第一个展示方案的概率不到15%。我们有意将最精彩的方案放到首位来达到惊艳的目的，但结果不理想。"等等还有更好的"这种普遍心态告诉我们，要将期待最高的设计方案放到后面。

4.5.3
线上/线下提案的注意要点

线上/线下提案共同注意的点是，在提案之前要做好功课，准备好讲解提纲，事先做好排练。提案人员应该是团队当中相对外向、表达能力较强的人。在提案过程中，客户的临时提问可能打断你的讲解，做好提纲可以让你在回答完客户的提问之后迅速回到主线上，继续下面的讲解。提案人员要对设计方案充分理解，在提案之前针对客户可能提出的问题做好准备。一个思路清晰、有理有据的提案讲解人员会令客户对设计方案更加认同。

线上提案与线下提案的不同之处是，提案人员不与客户面对面，沟通效率会略低。在进行线上提案时，提案文件的篇幅通常会比线下提案时的篇幅更大。比如，在线下提案中可以直接口述某个细节对应的是哪一条设计策略，在线上提案中就需要单独标注出来，从而让客户在浏览时能够理解。前面讲到的氢子猫漱口水，就是因为采用线上提案所以才在文件中标注相应的文字，帮助客户更快地理解设计师的意图。

提案文件在篇幅上不应面面俱到、文字过多，否则会让客户没有耐心认真阅读。笔者的工作习惯是，适当地在提案文件中添加标注，帮助对方理解，在约定的时间发送提案文件之后，通过采用电话或视频会议的方式与客户实时沟通，在沟通过程中随时准备接受客户的提问，并在讲解过程中提示客户目前讲的是哪一页，尽量实现线下提案中的声画同步。

小结

提案的重点在于内容表达，不要用煽动性的语言营造气氛。相比欢乐的会场气氛，缜密、清晰地阐述设计方案解决了哪些问题更为重要。与客户访谈一样，提案人员只要保持思路清晰、肢体动作和面部表情大方自然即可。

精品

甄·选·食·材　核·心·产·区

小黄蘑

XIAOHUANGMO

净含量 250g

05

文件交付

本章主要介绍设计文件交付的注意事项和工作过程，用具体内容做讲解，帮助你有效地管理和交付设计文件，确保设计文件质量的一致性，促使设计公司、客户和印刷厂家三方高效沟通，协同促进产品包装的落地。

| 文件交付前的注意事项
| 设计文件的检查流程
| 整理交稿文件

5.1
文件交付前的注意事项

文件交付前需要检查的不只有标点符号和错别字，还要确保具体细节在尺寸上和语言表述上符合相关规定，如图 5-1 所示。

5.1.1
净含量

净含量的文字高度需要遵循一定的标准。

净含量小于 50mL（小于 50g）的产品，其文字高度须大于 2mm。

净含量为 50 ~ 200mL（50 ~ 200g）的产品，其文字高度须大于 3mm。

净含量为 2000mL ~ 1L（200g ~ 1kg）的产品，其文字高度须大于 4mm。

净含量大于 1L（大于 1kg）的产品，其文字高度须大于 6mm。

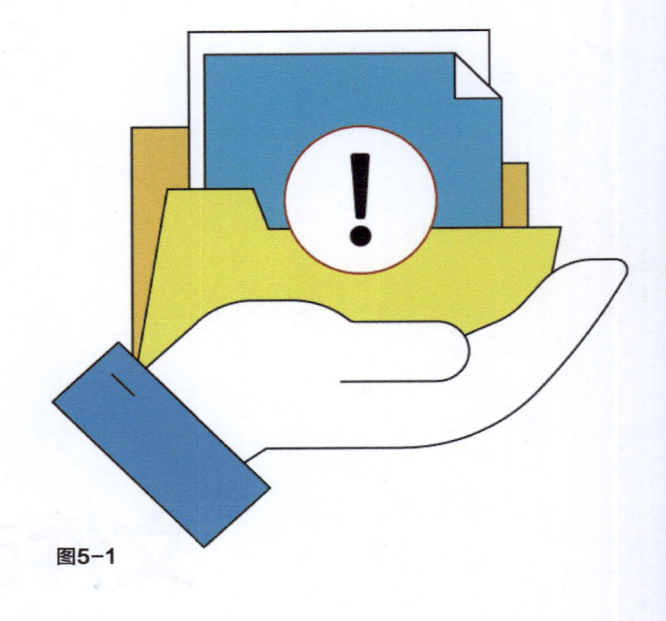

图5-1

5.1.2
生产日期

生产日期通常与保质期在同一位置，需要检查的是，如果生产日期指向其他位置（如见封口处、见瓶盖、见罐底等），其是否描述准确。

5.1.3
储存条件

产品的储存条件有四个：温度、湿度、光线和是否需要通风。

设计师需要根据产品特性来给出储存条件，不要求与其他竞品的措辞完全一致。当产品需要对四个条件中的某一个重点强调的时候（如药品必须冷链运输），建议改变字体颜色，甚至放大字体，以起到警示作用。

5.1.4
营养成分表

我国规定的食品营养成分表实施的是"1+4"的管理办法，其中"1"是指能量，"4"是指4种（或超过4种）核心营养元素，如蛋白质、脂肪、碳水化合物、钠等营养元素。文字高度要求大于1.9mm。

在营养成分表中，标注的单位要统一。例如，蛋白质含量为6.9克，标注方式可以有三种。

蛋白质　6.9g

蛋白质　6.9克

蛋白质　6.9克（g）

任选其中一种标注方式，让其他营养元素的标注方式与其统一。

能量的单位标注需要注意，千焦的英文缩写是kJ，写成KJ是错误的。

5.1.5
配料表、厂家信息

配料表、厂家信息等的文字高度要大于1.9mm。文字排版没有具体要求，左对齐、右对齐、居中对齐均不会影响产品的审核。字体必须使用免费商用字体，避免引起法律纠纷。同时，还要检查文字在表述上是否有违反法律规定的嫌疑，若有隐患，及时修改。

如果包装上有外文与中文相对应，外文不能大于中文。

5.1.6
绿色/有机/保健品标识及OTC标识的相关规定

不同的产品标识代表产品的不同身份。使用不同标识必须有相关机构颁发的批准文号,并将批准文号标注在产品标识的下方。各标识都有国家规定的标准用法,不可随意更改标识的形状和颜色。

5.1.7
印刷文件的校对

对将要印刷的文件需要校对如下信息:
确认字体是否开源;
字号是否符合印刷要求;
尺寸标注是否准确;
外语的翻译是否准确;
通读所有文字信息,保证文字和数字的准确性;
检查色值是否正确,颜色模式是否为 CMYK 模式。

5.2
设计文件的检查流程

设计文件进入检查流程就意味着马上要交稿了,这时需要设计团队对设计文件进行细致的检查。为了避免检查内容出现遗漏,可将检查流程固定下来,确保设计项目不出现重大失误。检查按照画、字、码分离的方式逐一进行,如图 5-2 所示。

图5-2

5.2.1
检查画面是否存在瑕疵

包装的画面是手绘画面的，需要检查画面中是否存在绘制时因误操作留下的点、线或色块，各图层之间的层级关系是否正确，以及画面与文字之间的关系是否正确。检查过程要连续、专注，避免出现误操作或更改了图层的层级关系。

画面是实拍照片的，需要检查抠图的边缘部分有没有做相应的处理，以及照片中是否存在不应该出现的噪点。

两种画面都要在软件中放大检查，以便排除细微的瑕疵。

5.2.2
检查需要印刷的文字的色值是不是单色黑

在校对文字之后，要确认配料表、厂家信息等文字的色值是不是单色黑。在字号很小的情况下，四色印刷的套色稍有不准，就会使效果出现偏色。为了避免出现偏色的情况，字号较小（小于 8 号）的文字的色值要用单色黑。

5.2.3
检查字号大小是否符合规范

我国规定产品包装上重要信息或警示性信息的文字高度要大于 10mm，在实操中通常都会大于这个数值。检查字号大小的侧重点应该放在其他文字信息和净含量上。由于在检查阶段可能会有实习生或者设计助理参与其中，可让他们按照表 5-1 所示的内容检查字号大小。

表 5-1

内容	规格	文字高度
配料表、厂家信息等文字	—	>1.9mm
营养成分表		
净含量	<50mL	>2mm
	<50g	
	50~200mL	>3mm
	50~200g	
	200mL~1L	>4mm
	200g~1kg	
	>1L	>6mm
	>1kg	

5.2.4
检查条形码、二维码等是否能正确扫描

产品包装（内包装、外包装、物流转运箱等）上出现的所有条形码和二维码都要逐一扫描，做到见码必扫，查看信息是否准确。条形码用微信扫一扫可以识别，不需要额外再用其他硬件设备。

5.2.5
两人及两人以上交叉检查

在完成以上四个步骤以后，将文件交给另一个人做交叉检查。检查人数必须是两人及两人以上，两人及两人以上交叉检查能够大大降低出错的概率。

在交叉检查中发现错误要做好记录，在全部检查完毕之后统一沟通，修改要统一修改。在修改过后再重新按照上述步骤交叉检查，直到没有问题出现为止。

5.2.6
打印小样，做实物检查

在进行包装设计时使用的是平面图，只凭借空间想象力和经验来确认每个部分的位置不够可靠，所以我们要打印小样，用实物来检验包装的各个面是否都处在正确的位置。尤其是复杂盒装结构，在打印出小样后，将其按照预期的结构折叠和拼插起来，全方位检查是否能够正常开合，以及各个面的方向是否准确。

5.2.7
会同甲方一起检查信息的准确性及合法性

最后一步需要甲方参与，共同检查包装上的所有信息：确保文字信息准确（生产厂家、生产地址、联系电话等信息有没有临时变动）；检查相关资质是否在有效期之内、相关批号是否准确无误；确认广告语不违反广告法的相关规定等。

若有修改，需要从第一步重新开始检查修改后的设计文件。

5.3
整理交稿文件

交付文件意味着设计项目进入了尾声，恭喜各位设计师顺利完成了设计项目，不要忘了在交稿之后做总结，如图 5-3 所示。

图5-3

05 文件交付

5.3.1
文件命名规范

文件名称必须是项目名称,不要将未命名一、未命名二、个人的姓名等与项目无关联的名称作为文件的名称。

当文件有多个的时候,命名要具体,如"氢子猫漱口水外盒""氢子猫漱口水内袋(早)""氢子猫漱口水内袋(晚)""氢子猫漱口水手提袋"。

在定稿之后再出现修改的,要标注修改时间和修改内容,可将修改后的文件命名为"项目名称 + 修改时间 + 修改内容"。每一次修改的文件都要保存好。

5.3.2
文件内容

交付的文件要包含图 5-4 所示的内容。

	交付的文件
1	源文件
2	转曲文件
3	图片格式
4	字体包
5	尺寸及材质标注
6	印刷前的注意事项(见图5-5)

图5-4

印刷前的注意事项如图 5-5 所示。

	印刷前的注意事项
1	在使用源文件前请先安装字体包（安装方法:复制字体—打开控制面板—打开字体文件夹—粘贴）
2	请严格校对所有包装尺寸和信息（内外包装都需要校对）
3	请多人仔细校对配料表等数值信息（内外包装都需要校对）
4	请校对电话、地址等信息（内外包装都需要校对）
5	请用手机试扫二维码、条形码，确认是否能成功扫出内容（内外包装上的二维码、条形码都需要扫）
6	瓶贴印刷需要把刀版线删掉
7	请试装产品，确认后再批量生产
8	所有包装在批量印刷前请打原尺寸实样并校对（内外包装都需要校对）

图5-5

5.3.3
存储最终文件并备份

在将包装进行批量生产之后，说明设计文件已经没有任何问题了。为了节约存储空间，我们可以将设计过程中的文件删除，只保留最终的设计文件即可，并做好备份。

附录A 常见包装的刀版图整理

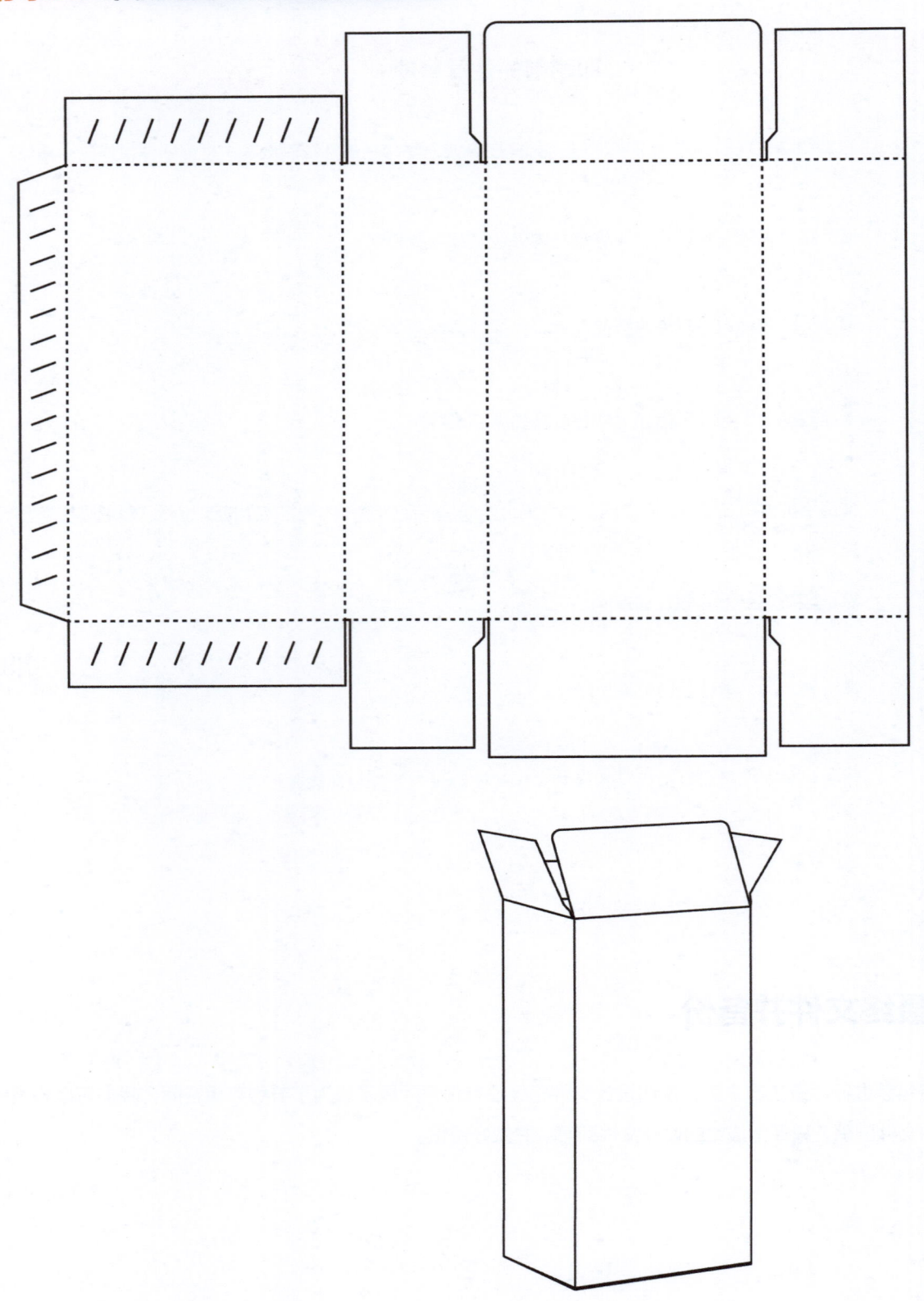

附录A 常见包装的刀版图整理

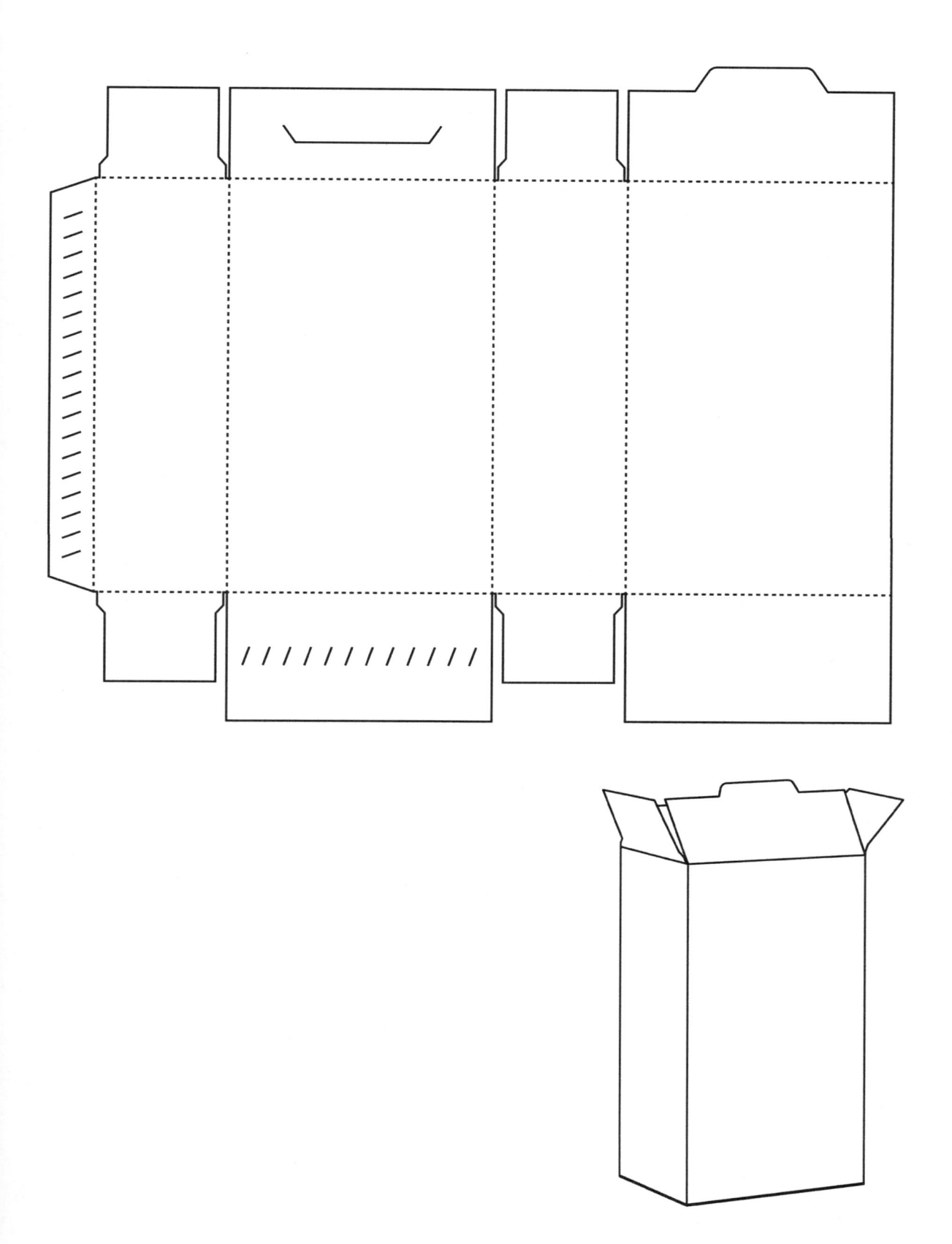

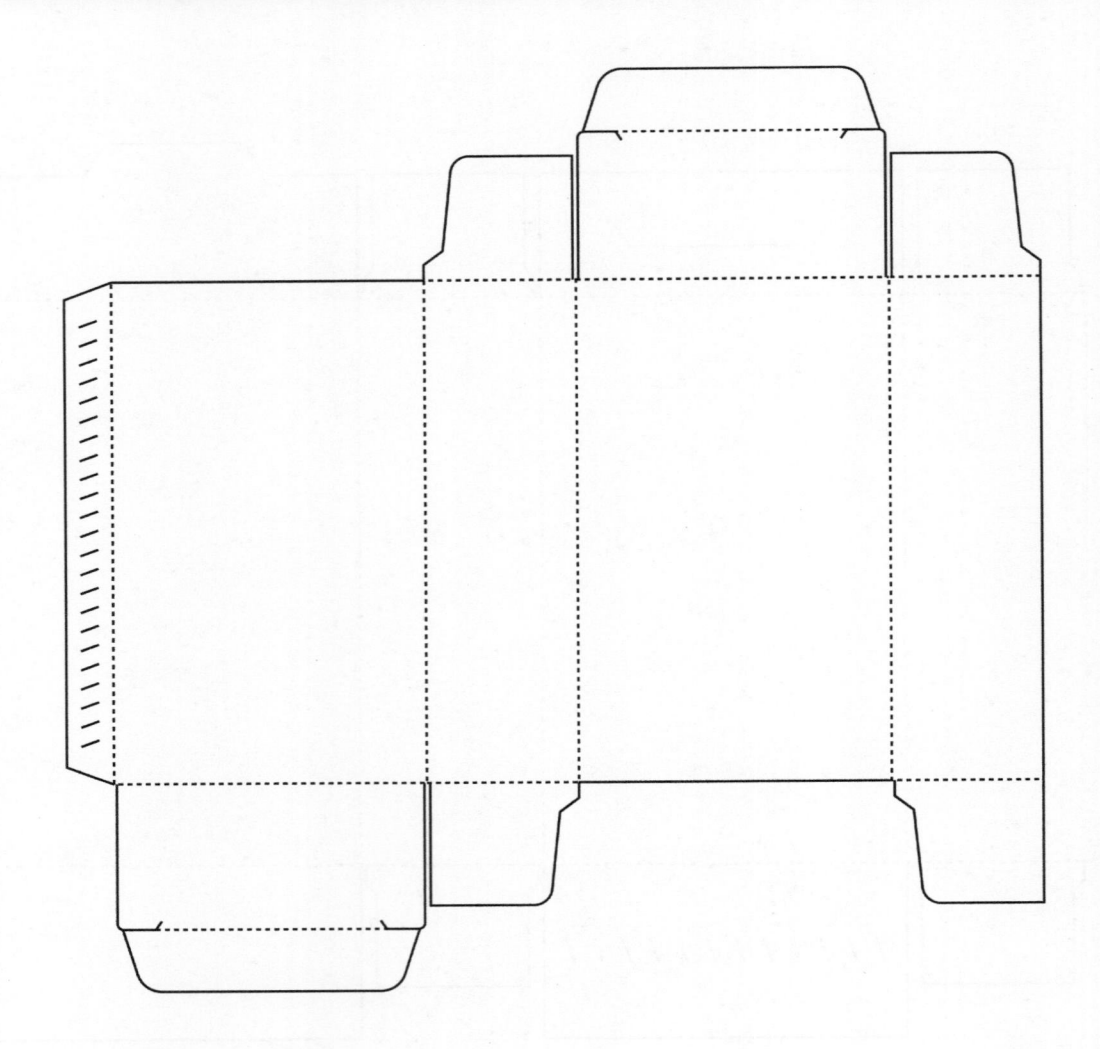

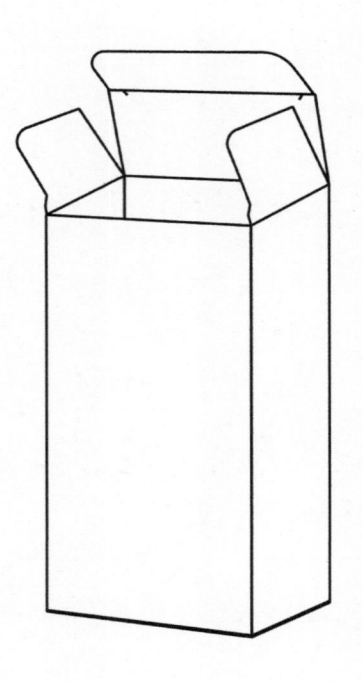

188　做包装：策略定位+视觉设计+印刷制作

附录A 常见包装的刀版图整理

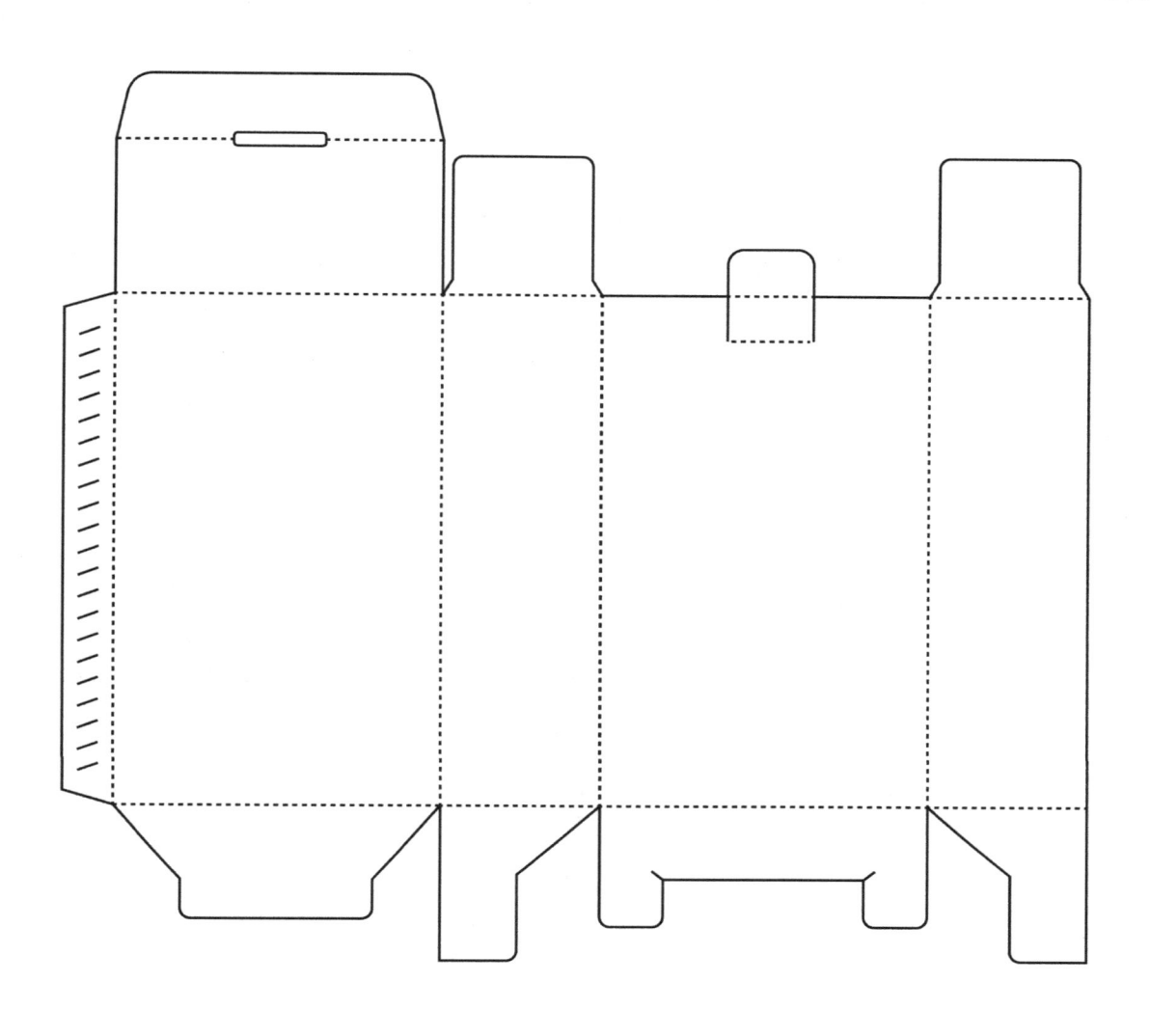

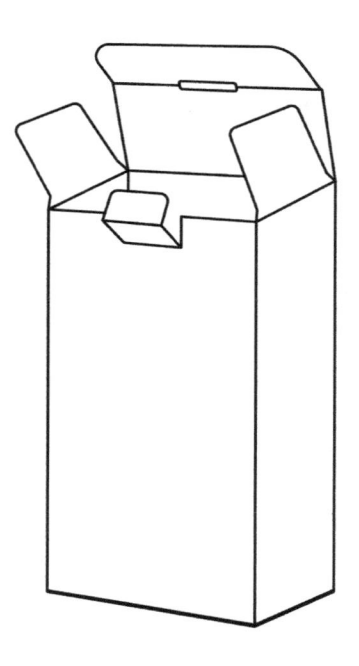

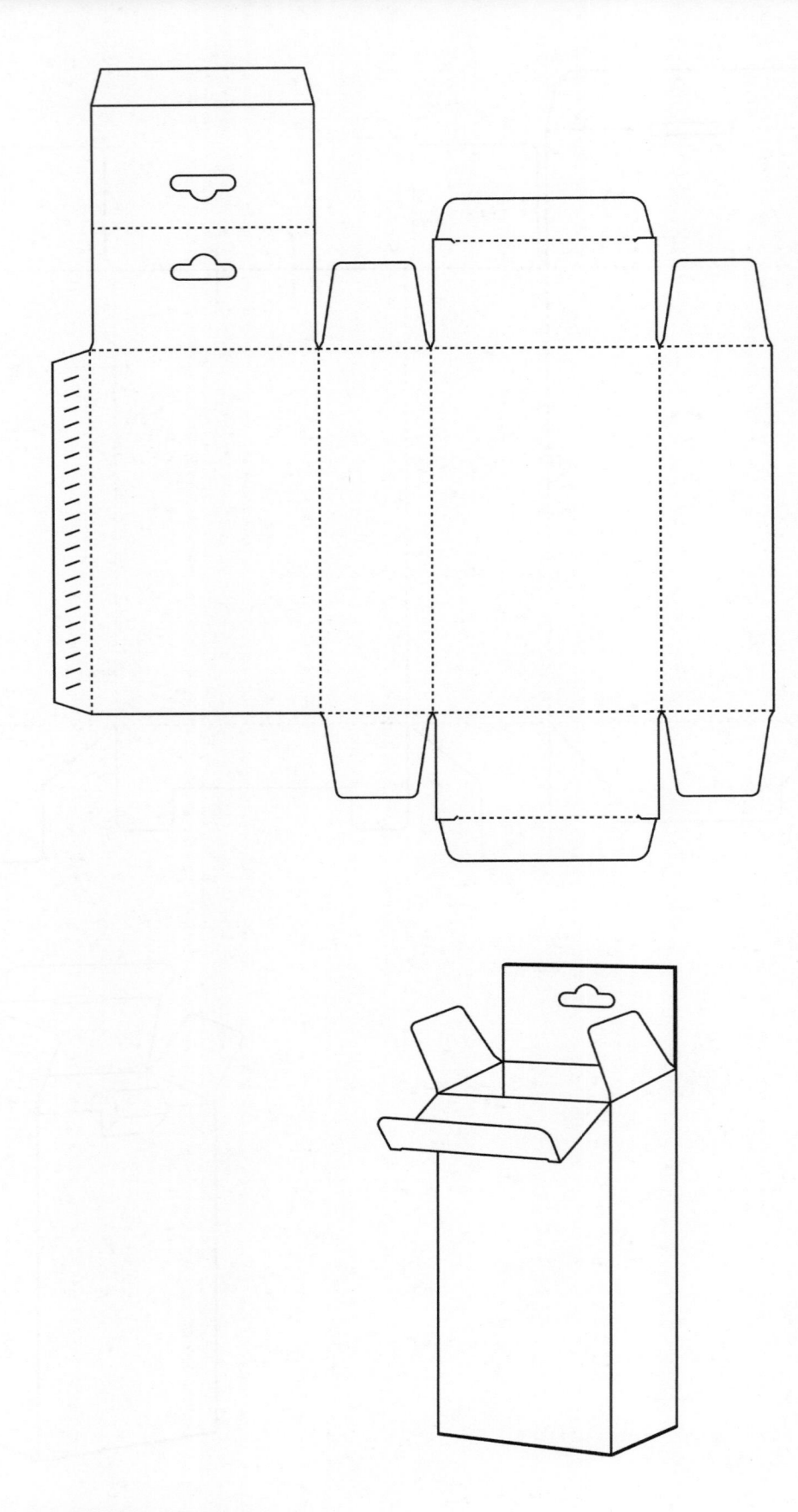

做包装：策略定位+视觉设计+印刷制作

附录A 常见包装的刀版图整理

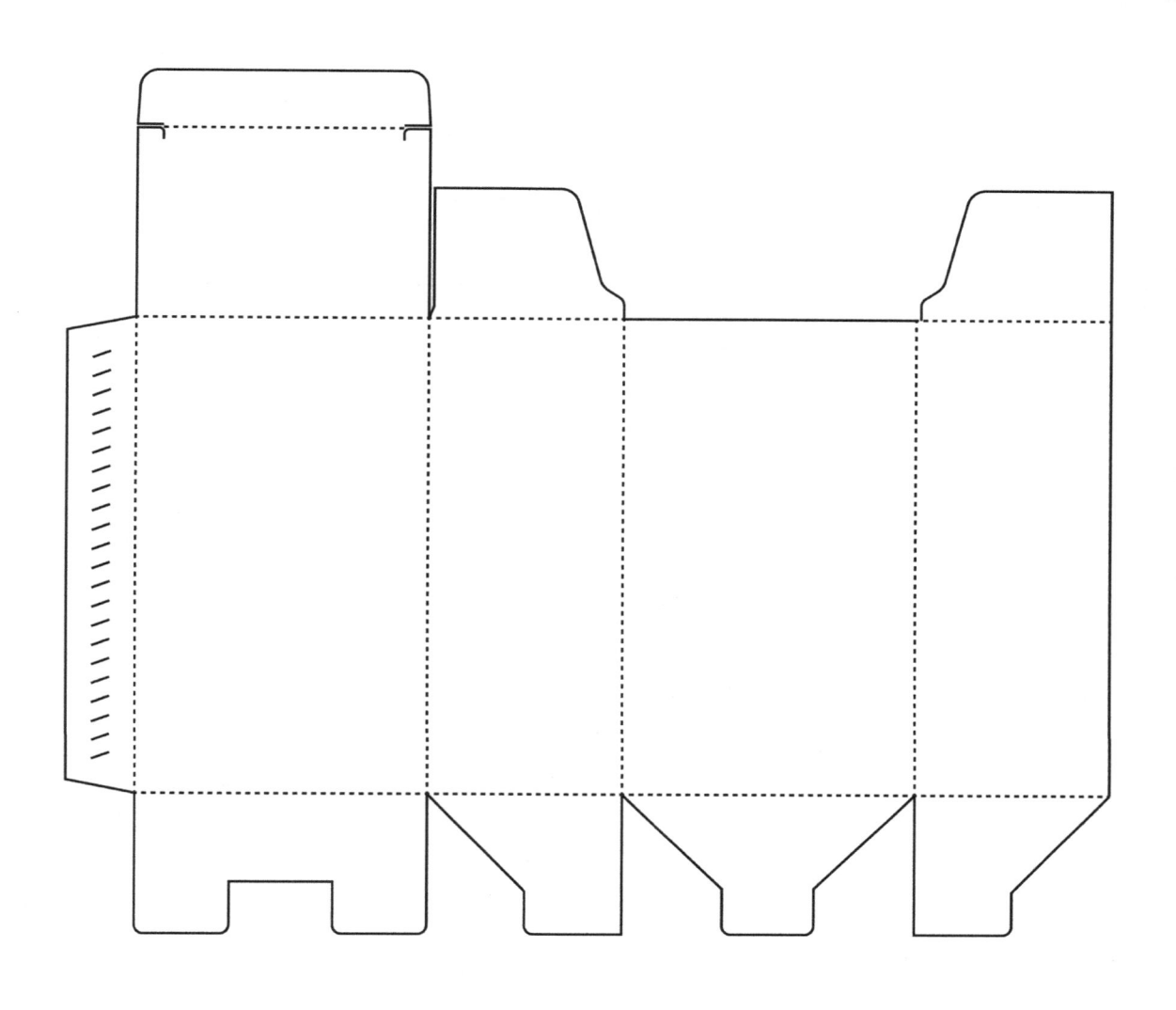

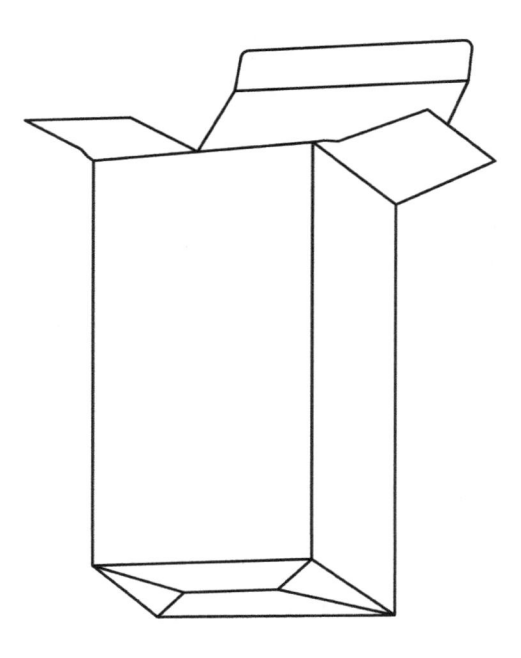

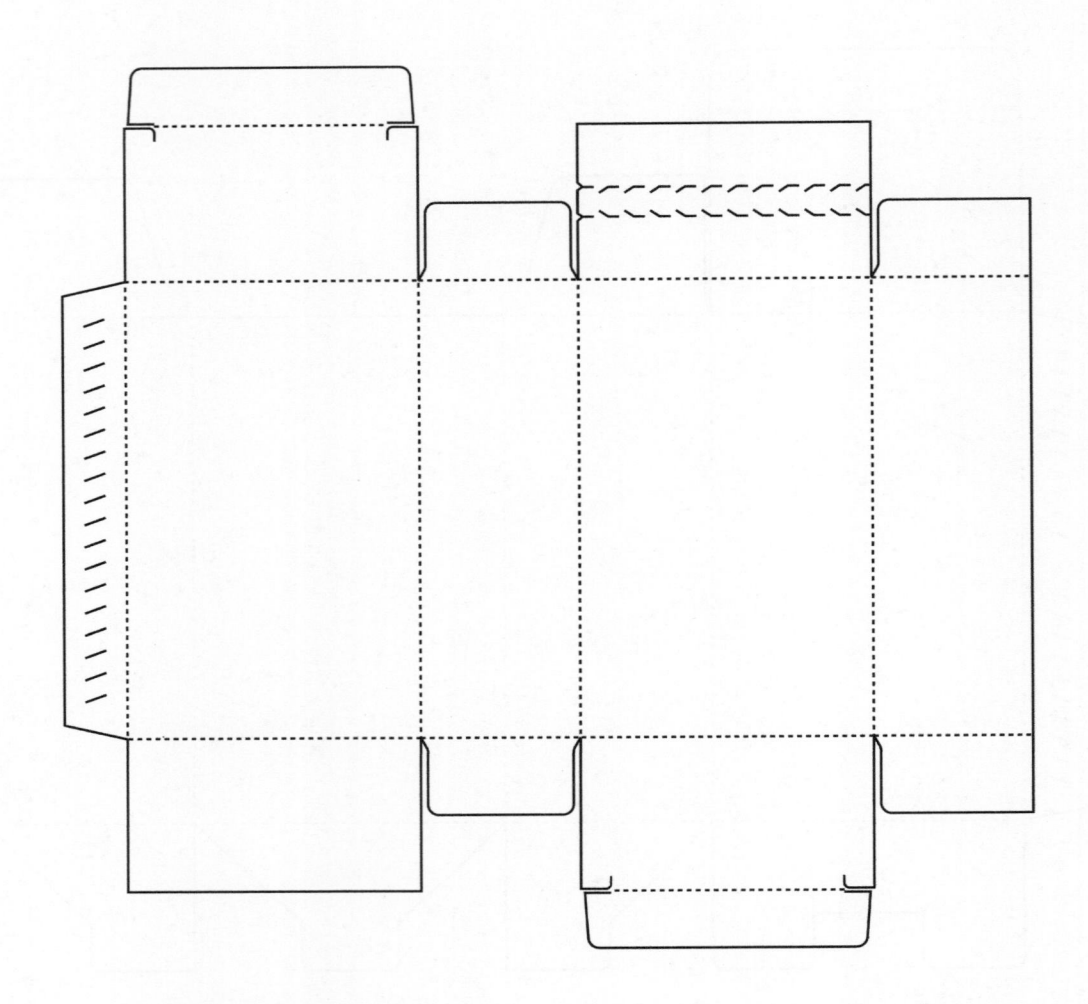

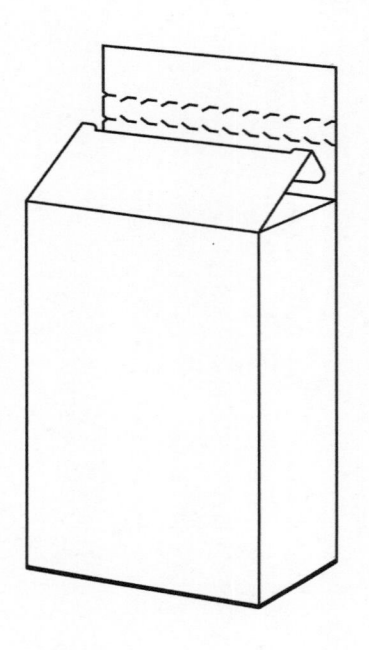

做包装：策略定位+视觉设计+印刷制作

附录A 常见包装的刀版图整理

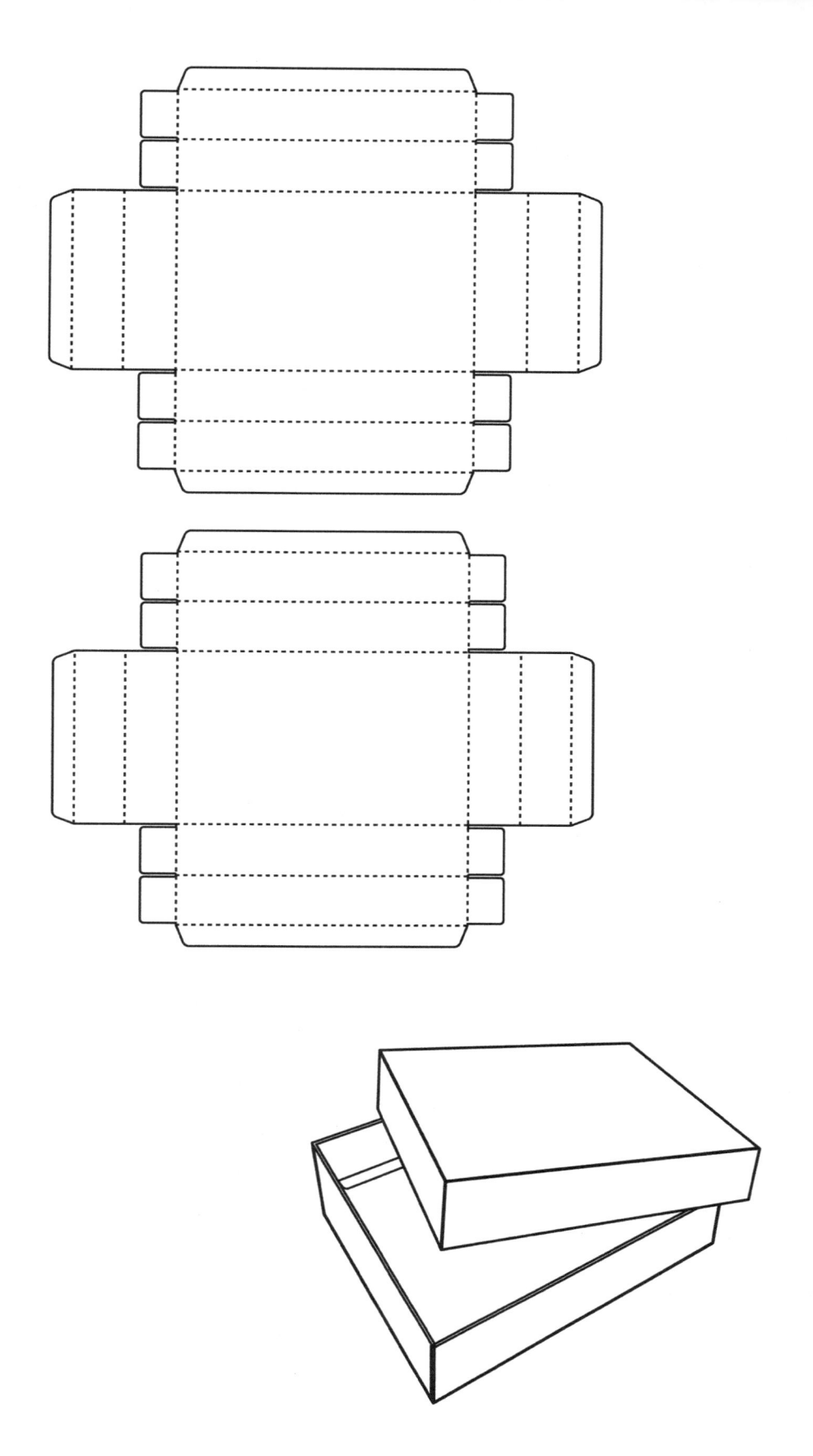

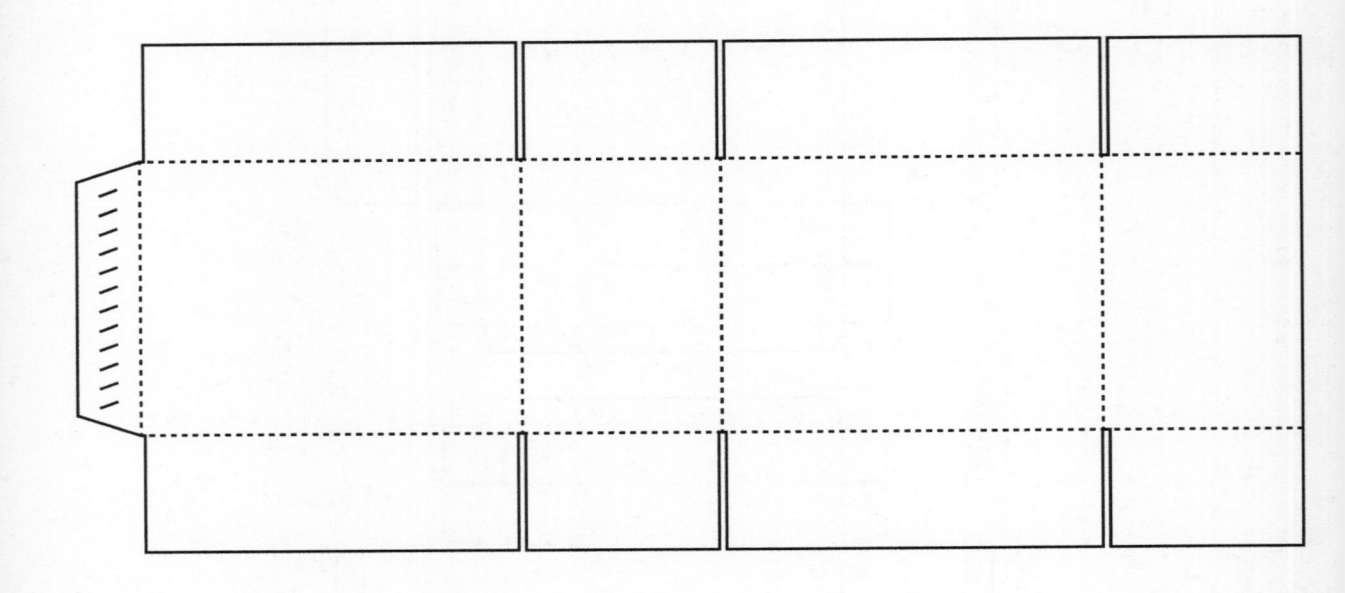

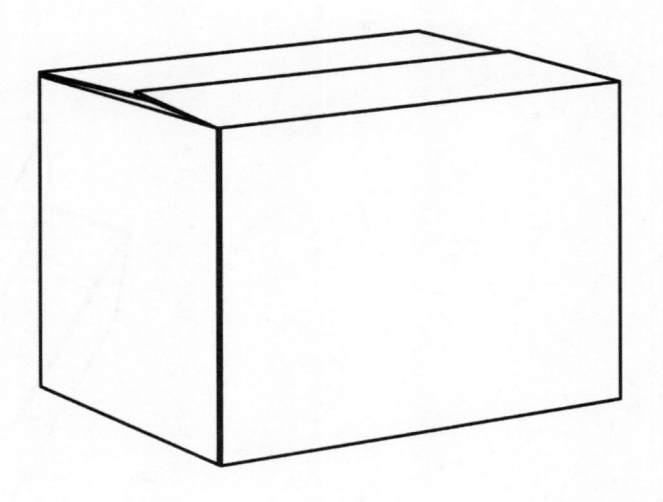

194　做包装：策略定位+视觉设计+印刷制作

附录A 常见包装的刀版图整理

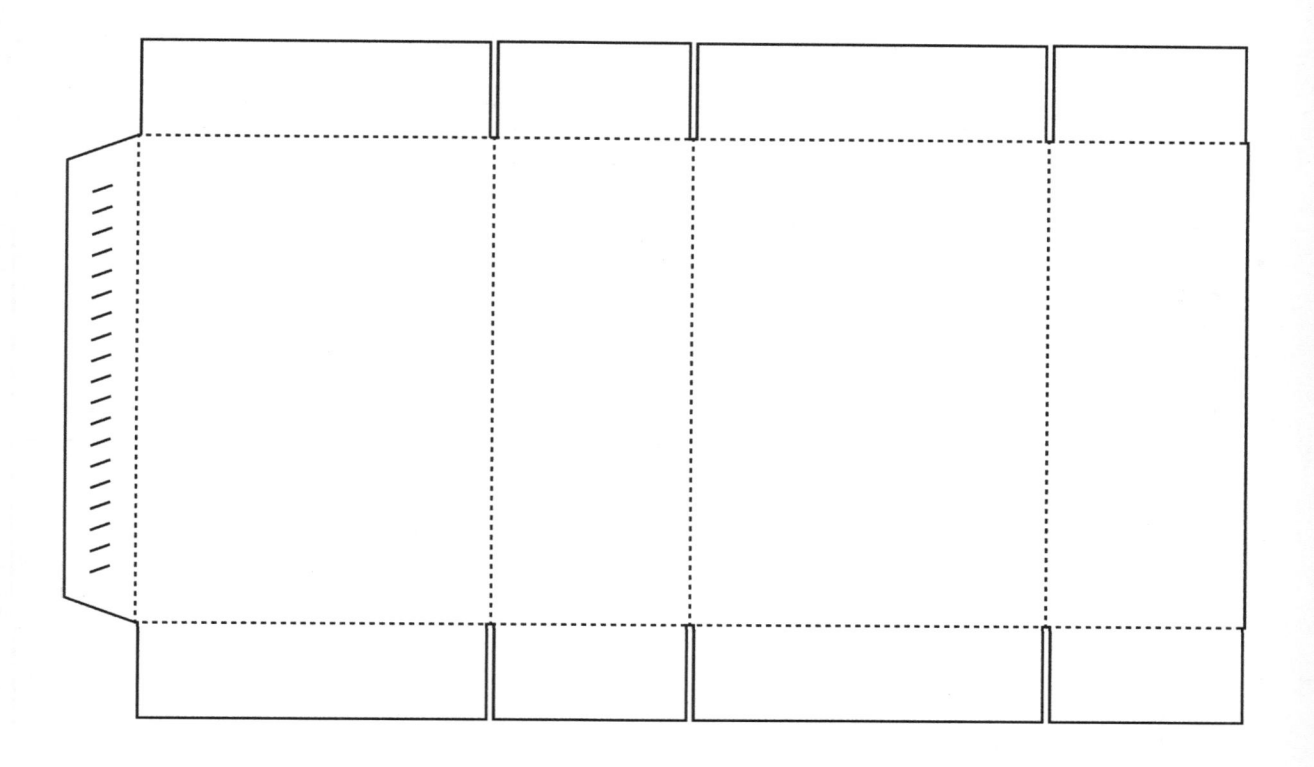

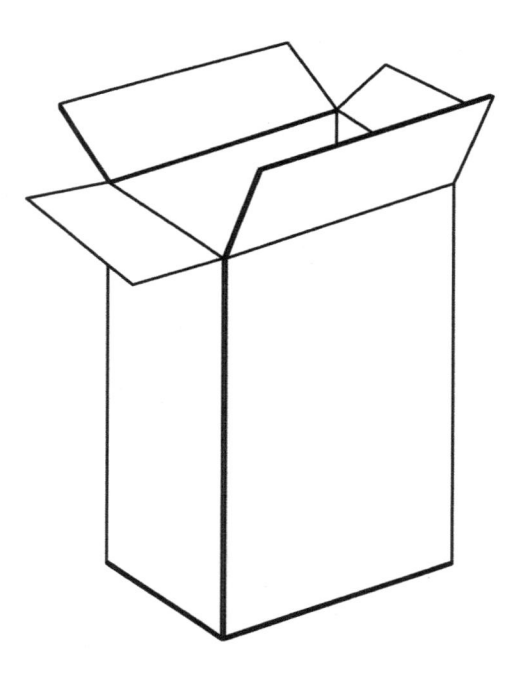

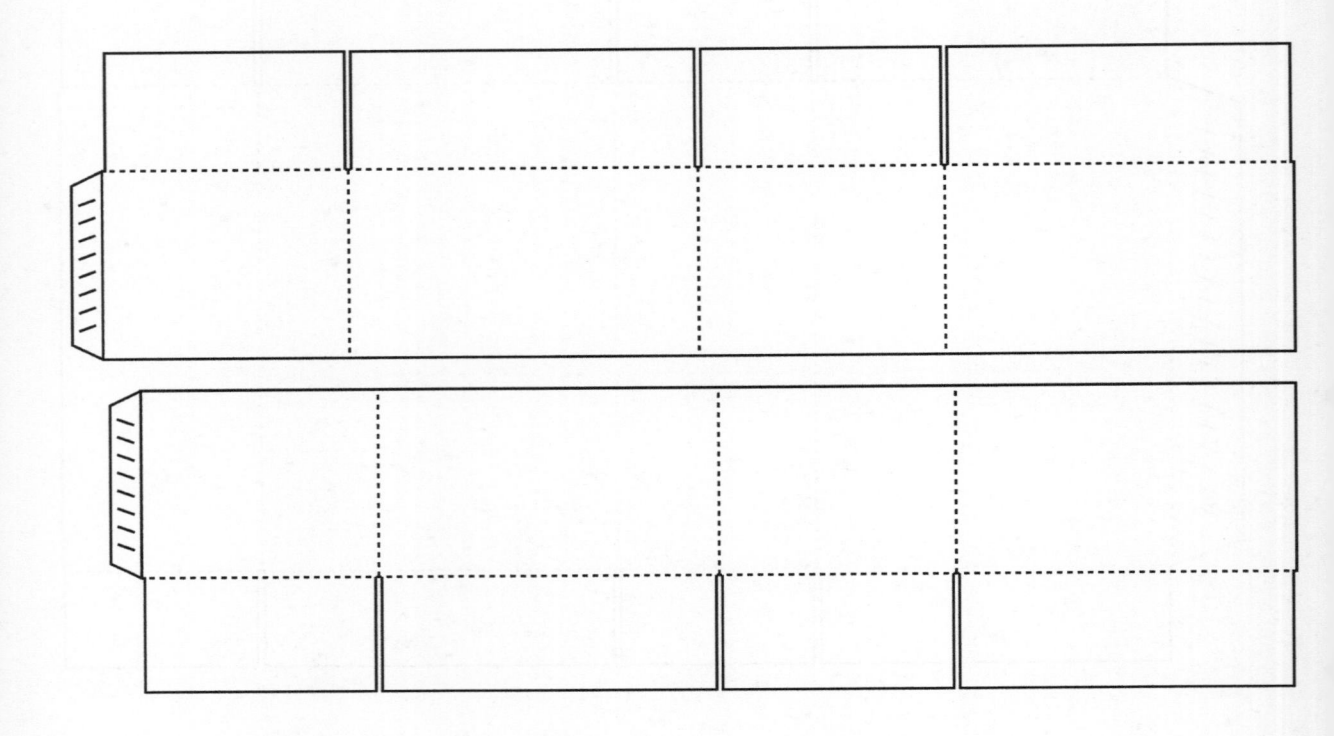

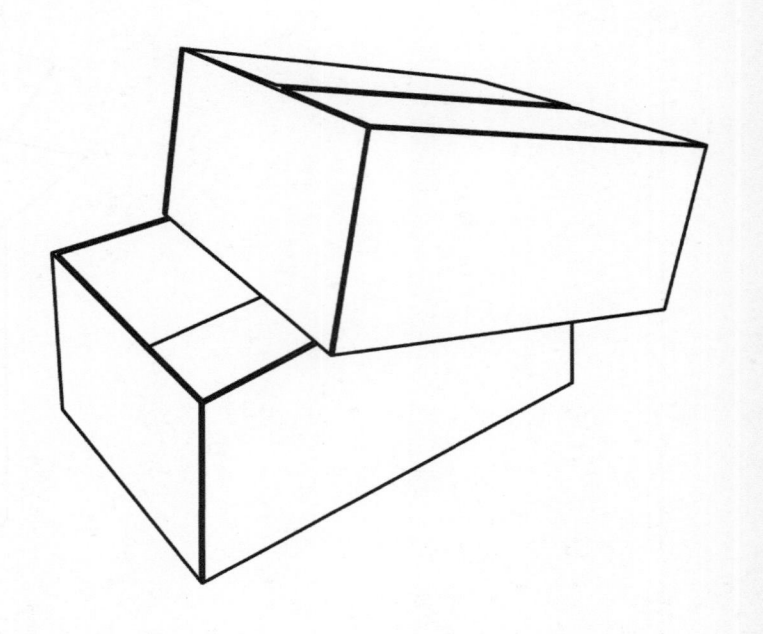

附录A 常见包装的刀版图整理

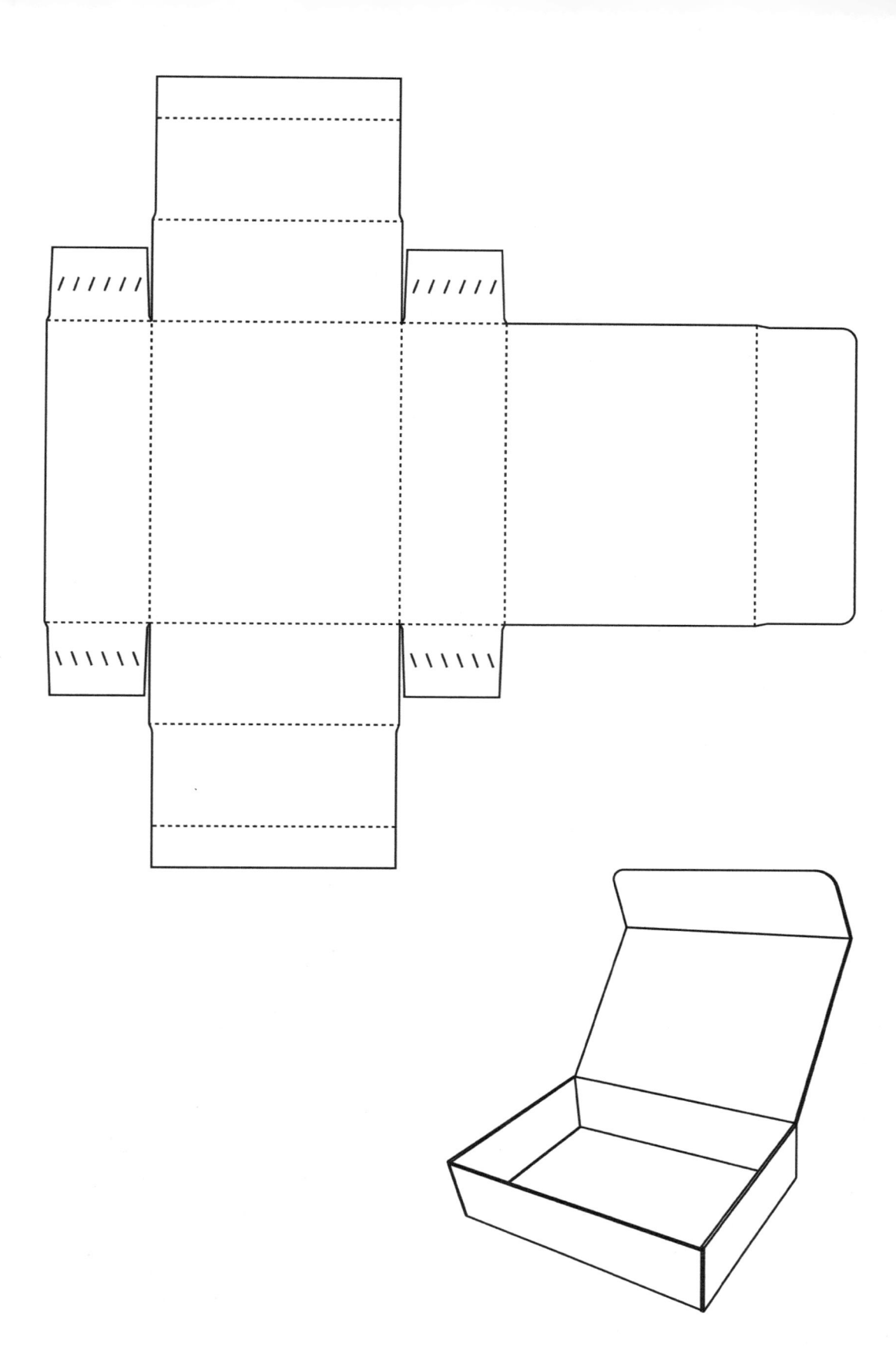

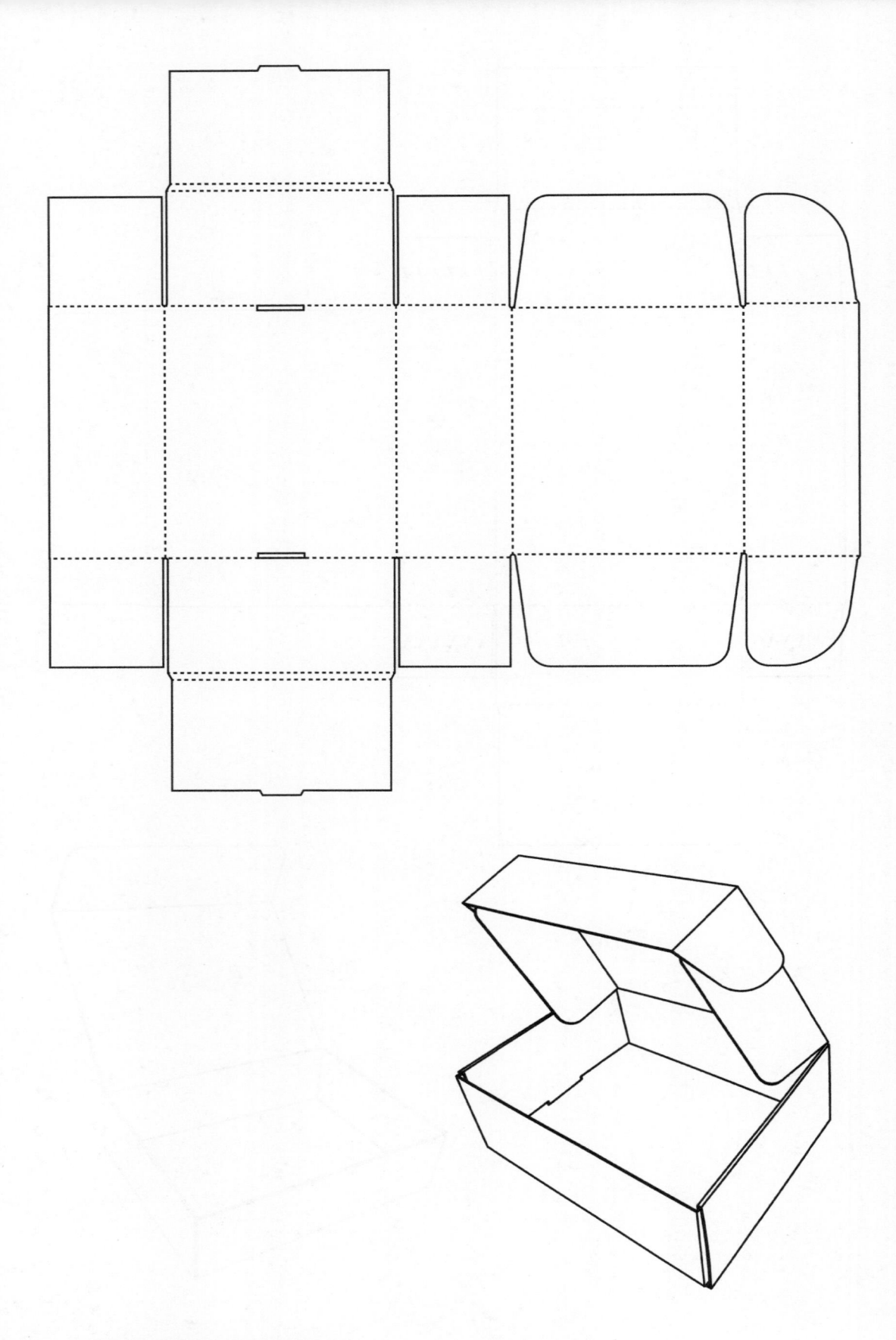

198　做包装：策略定位+视觉设计+印刷制作

附录A 常见包装的刀版图整理　　199

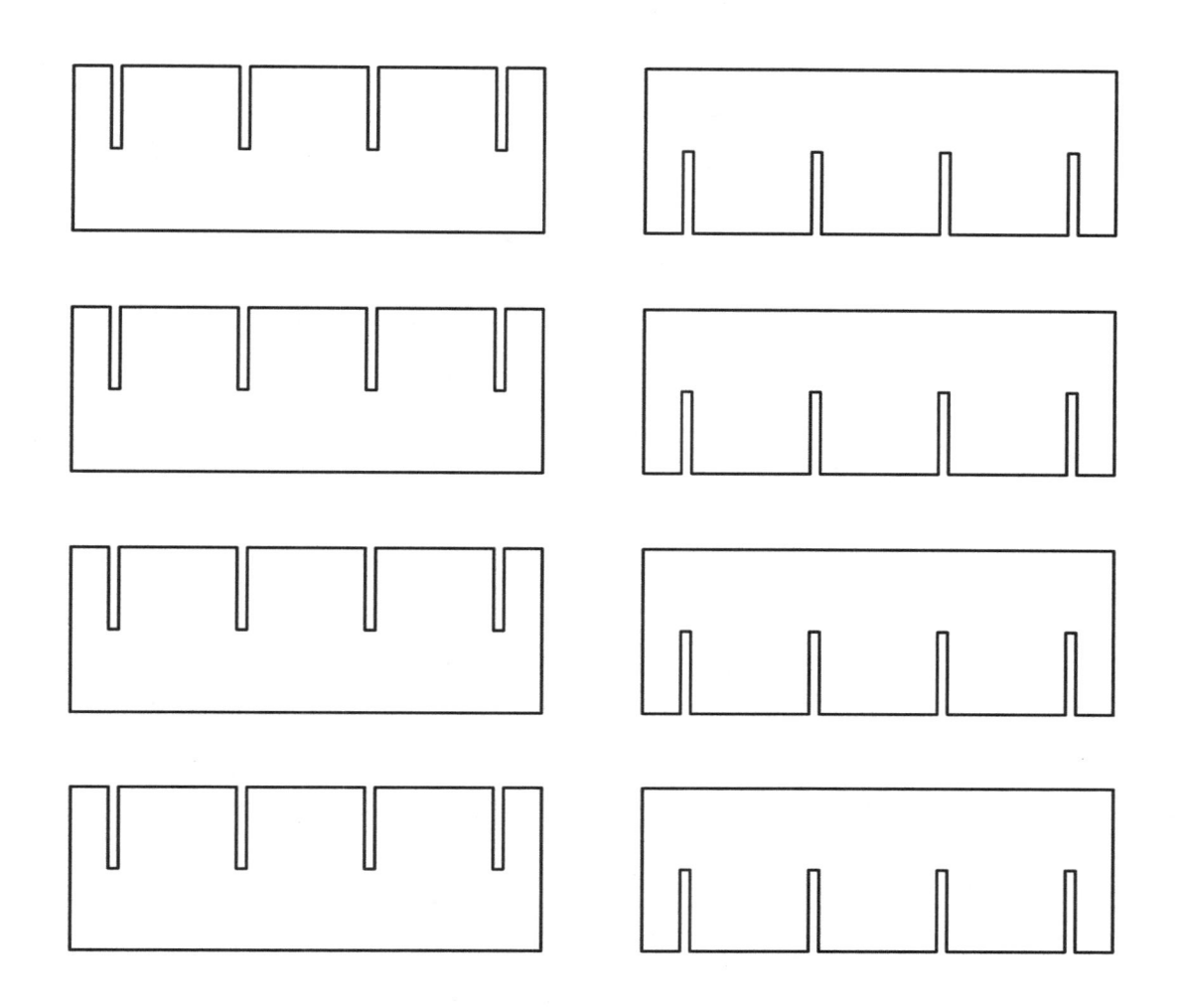

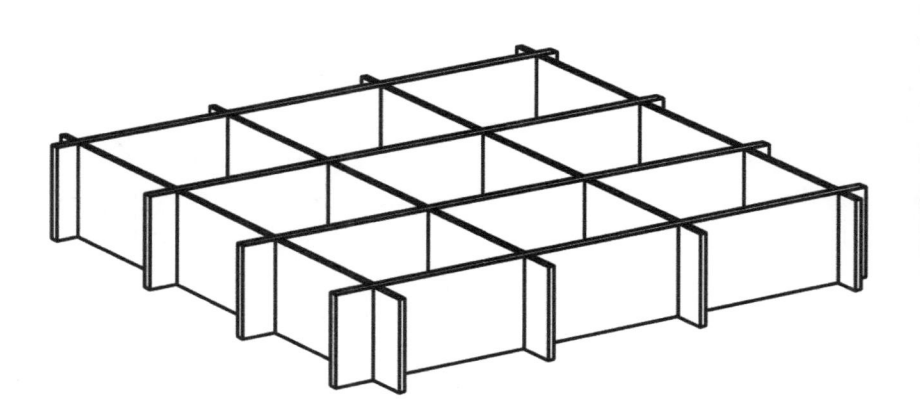

内容区域

附录A 常见包装的刀版图整理

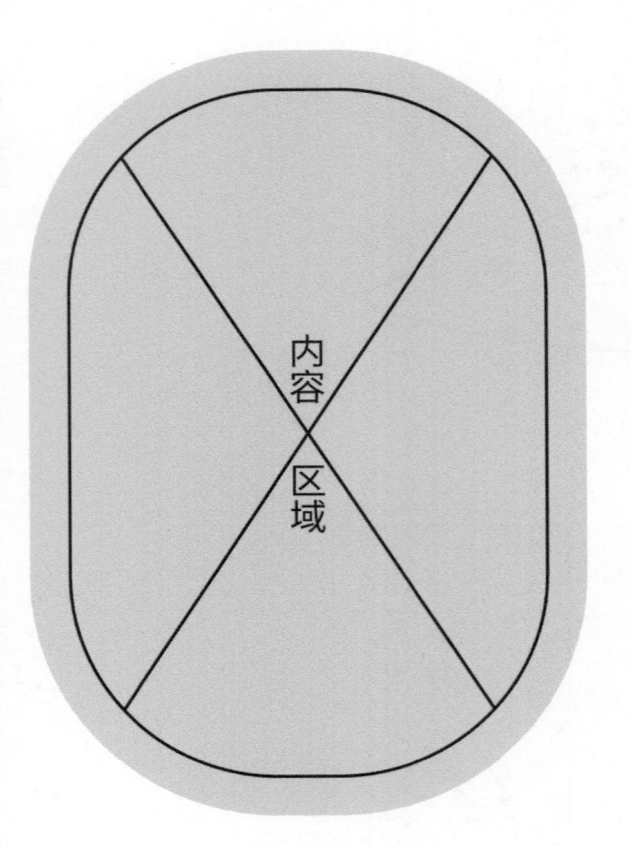

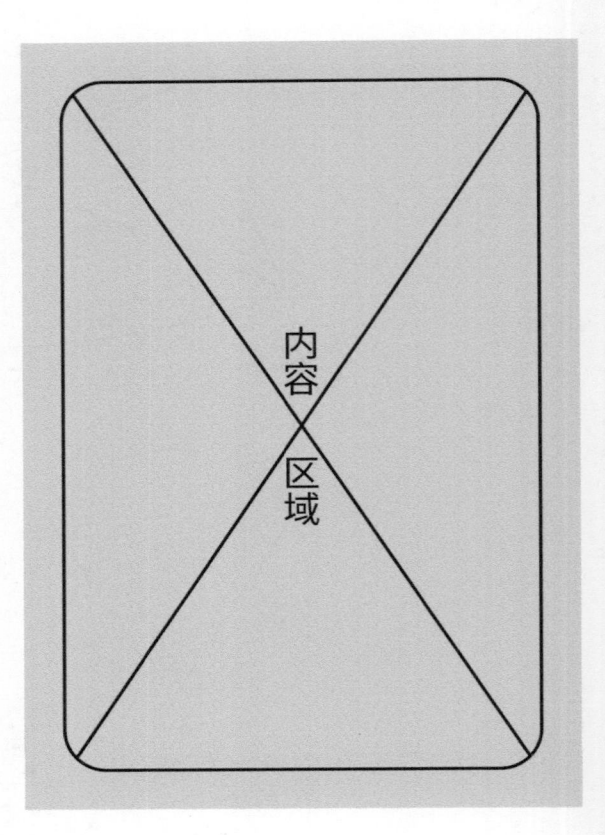

做包装：策略定位+视觉设计+印刷制作

内容区域

糊口

附录A 常见包装的刀版图整理

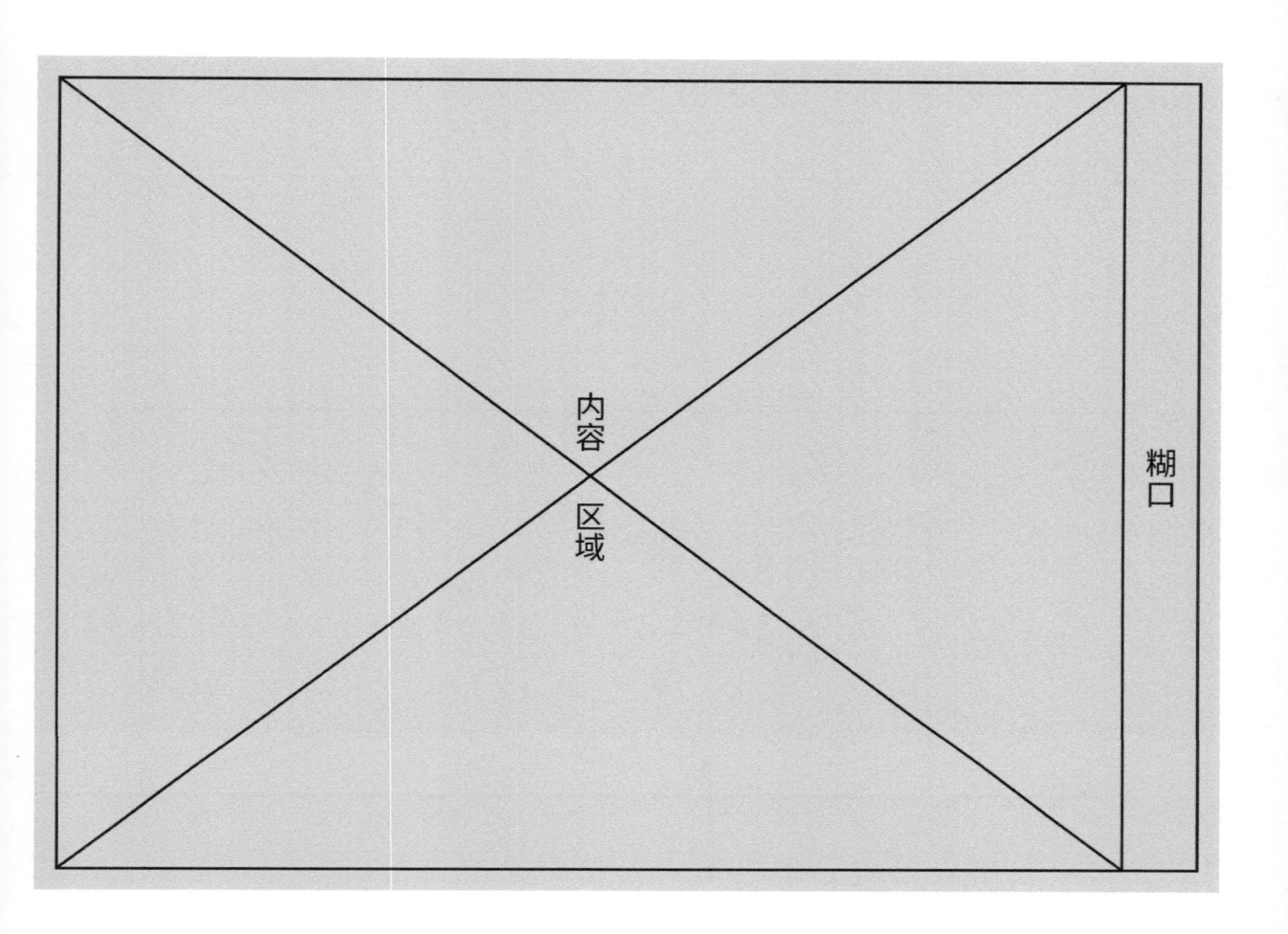

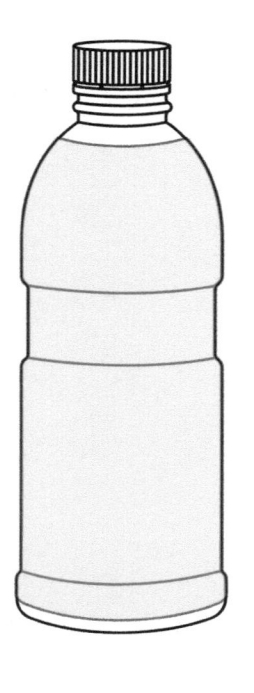

内容区域

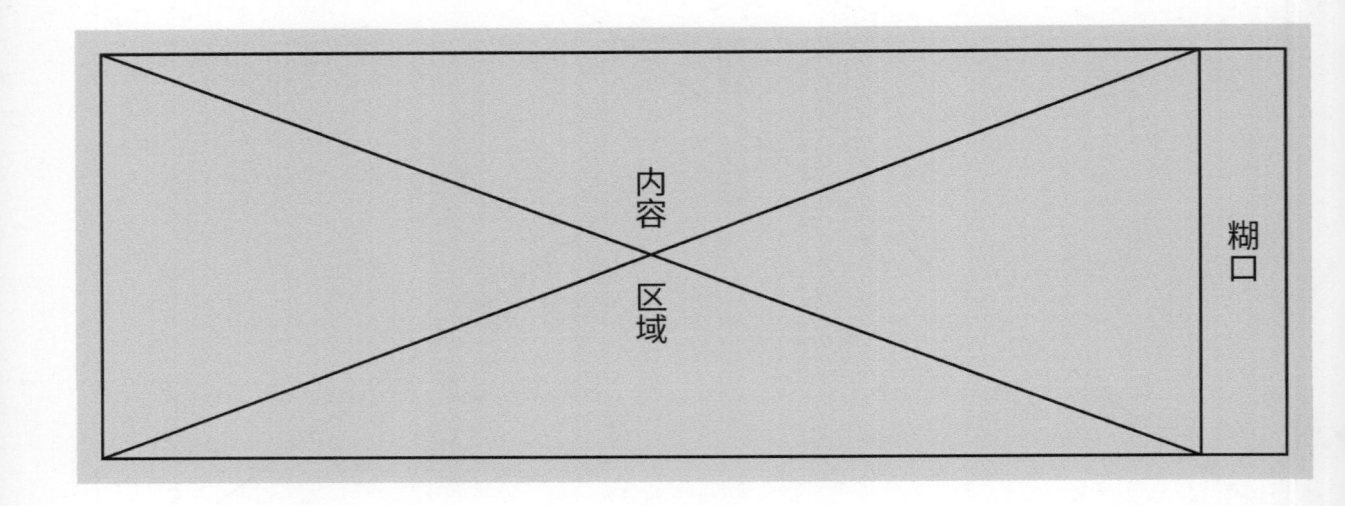

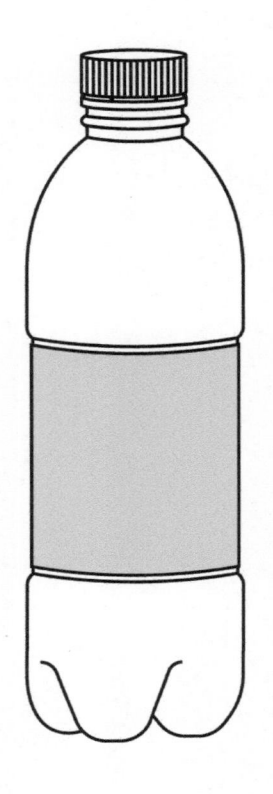

糊口

内容区域　糊口

附录A　常见包装的刀版图整理

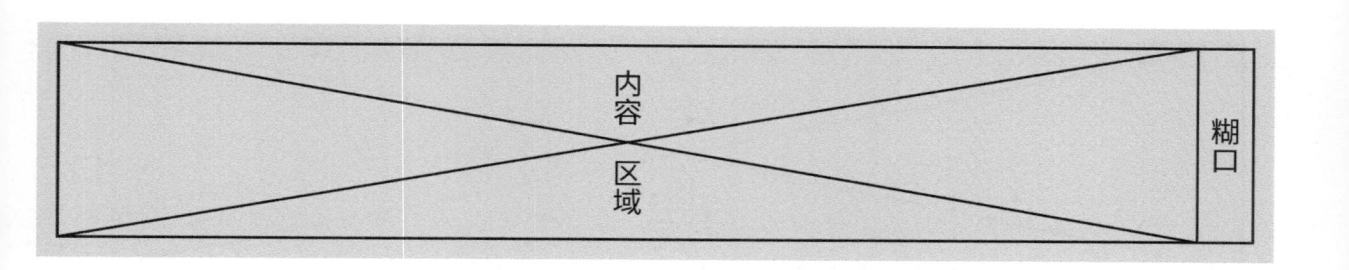

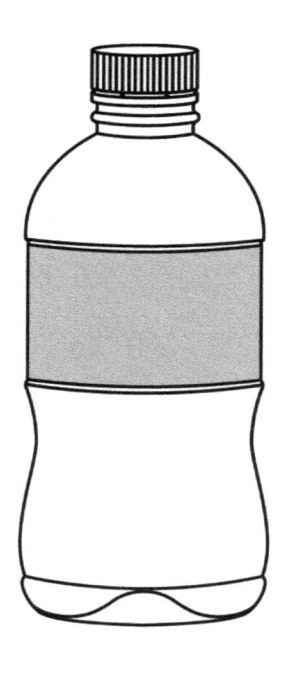

内容区域

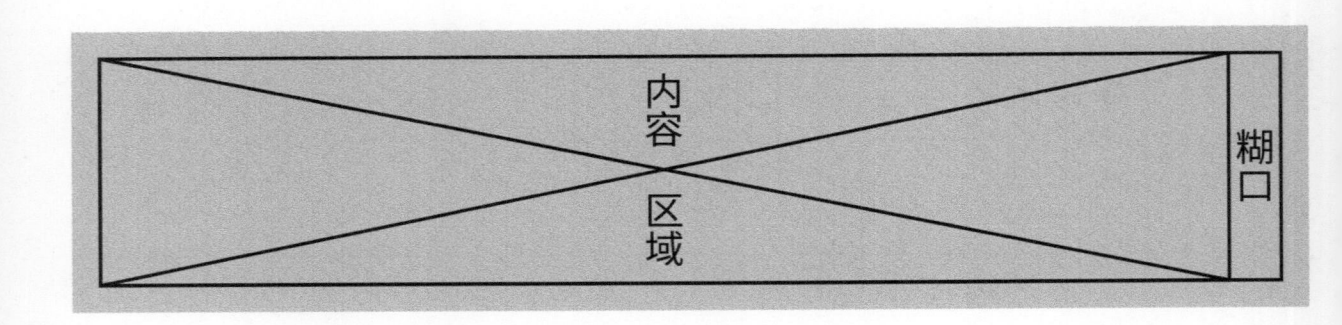

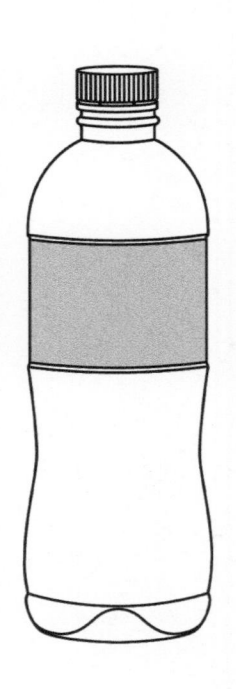

糊口

内容区域

糊口

附录A 常见包装的刀版图整理

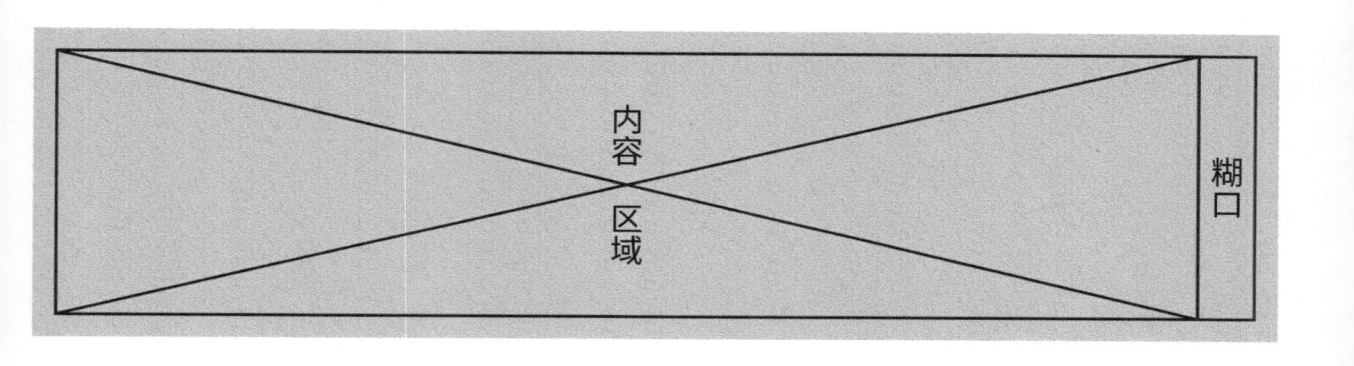

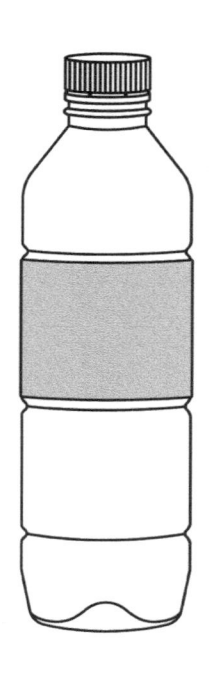

内容区域

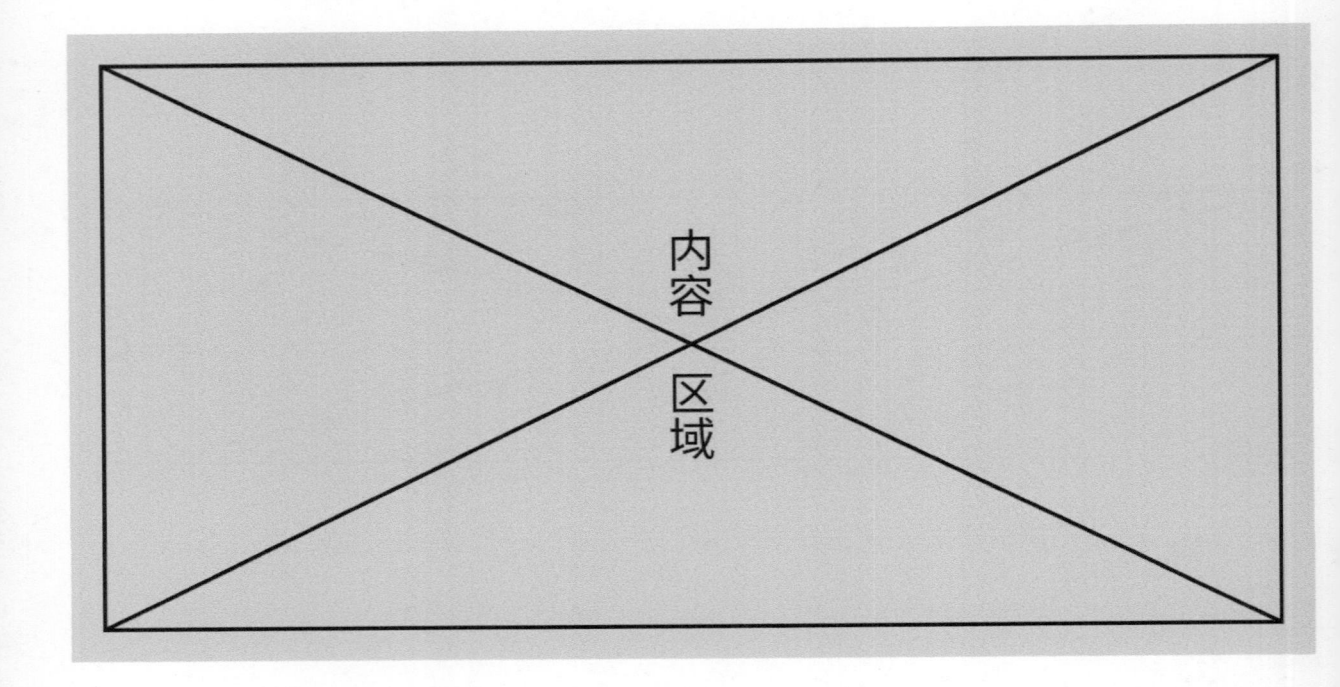

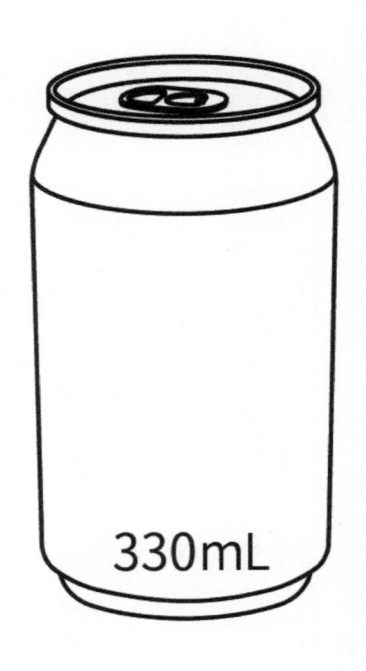

330mL

内容区域

330mL
纤体罐

附录A 常见包装的刀版图整理

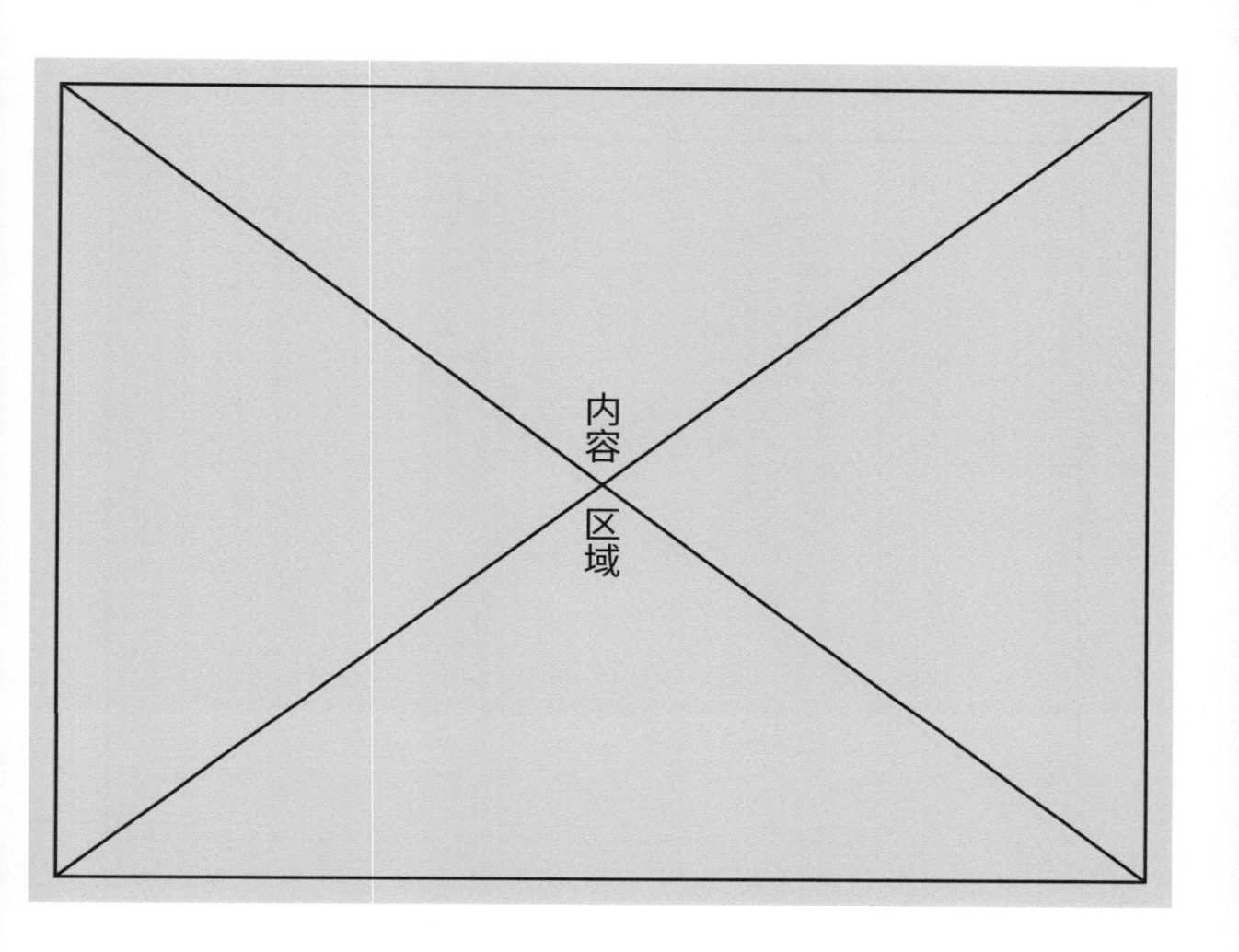

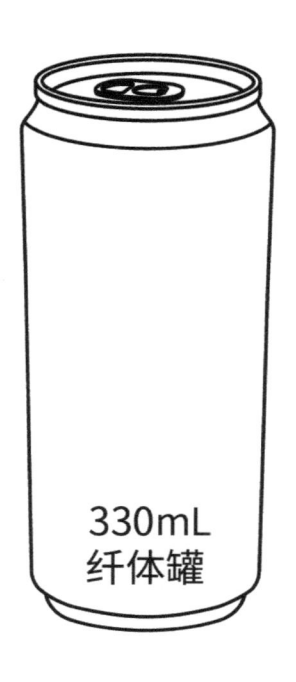

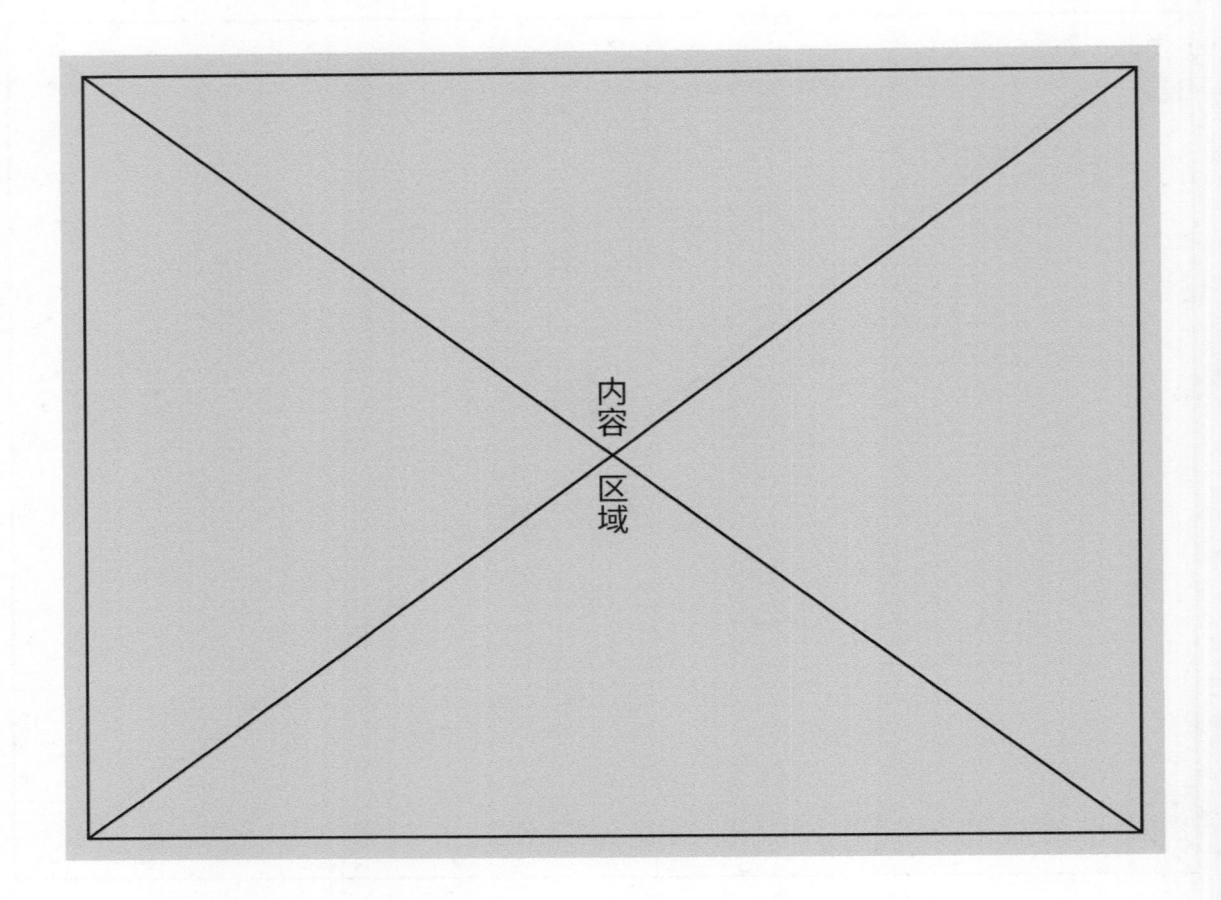

内容区域

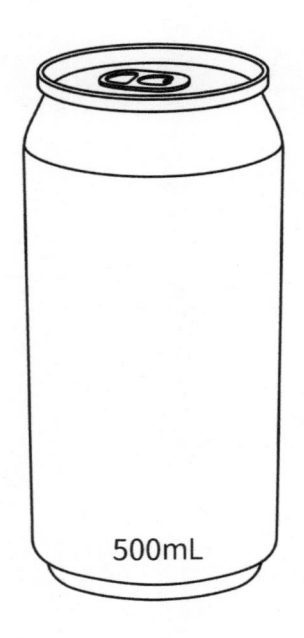

500mL

210　做包装：策略定位+视觉设计+印刷制作

内容
区域

1000mL

附录A 常见包装的刀版图整理　211

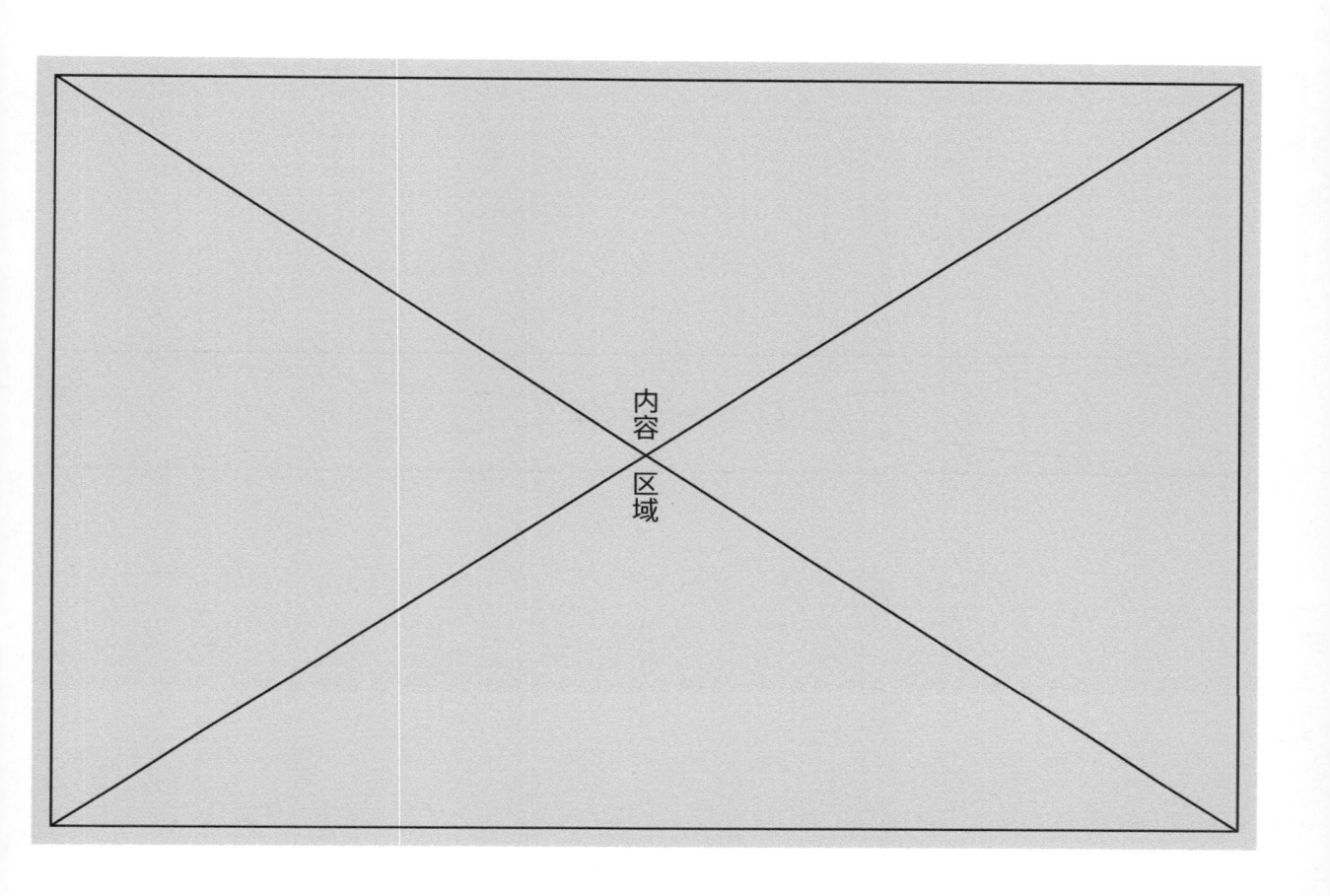

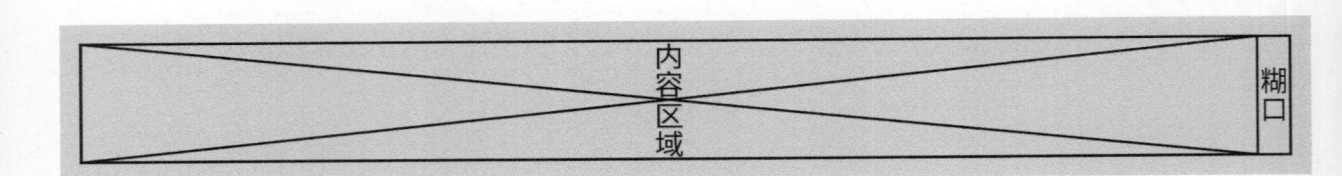

内容区域

糊口

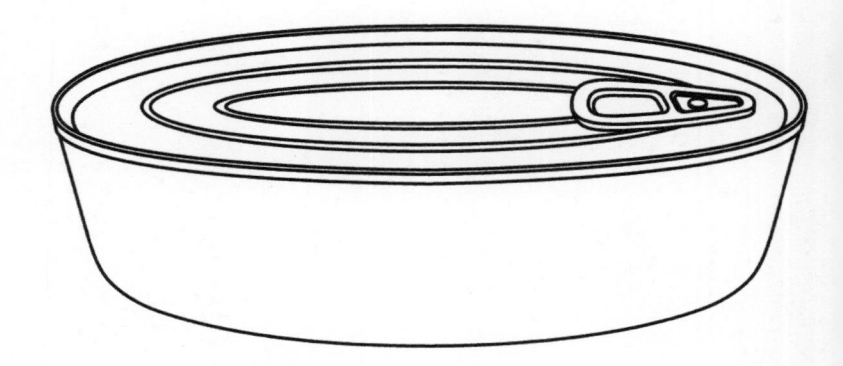

212　做包装：策略定位+视觉设计+印刷制作

|内容区域|糊口|

附录A 常见包装的刀版图整理　　213

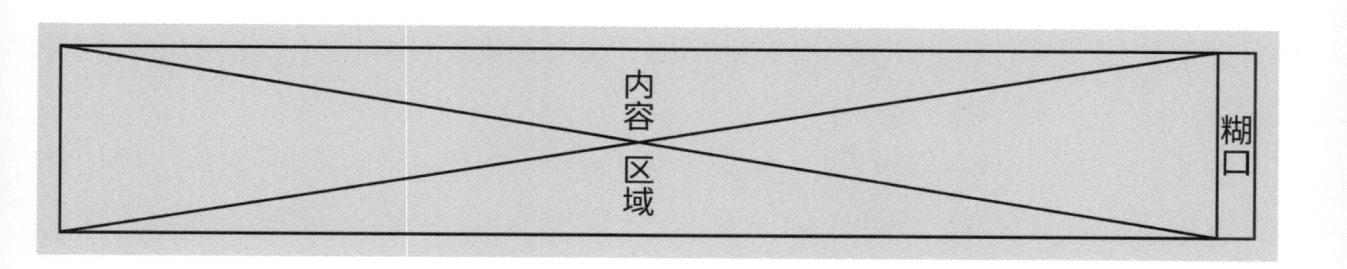

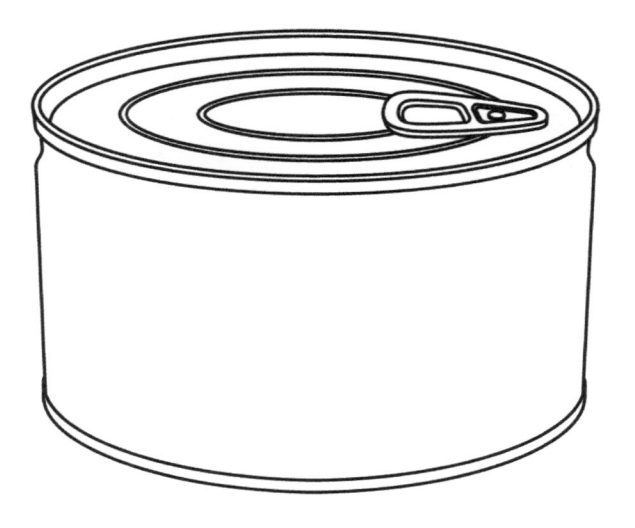

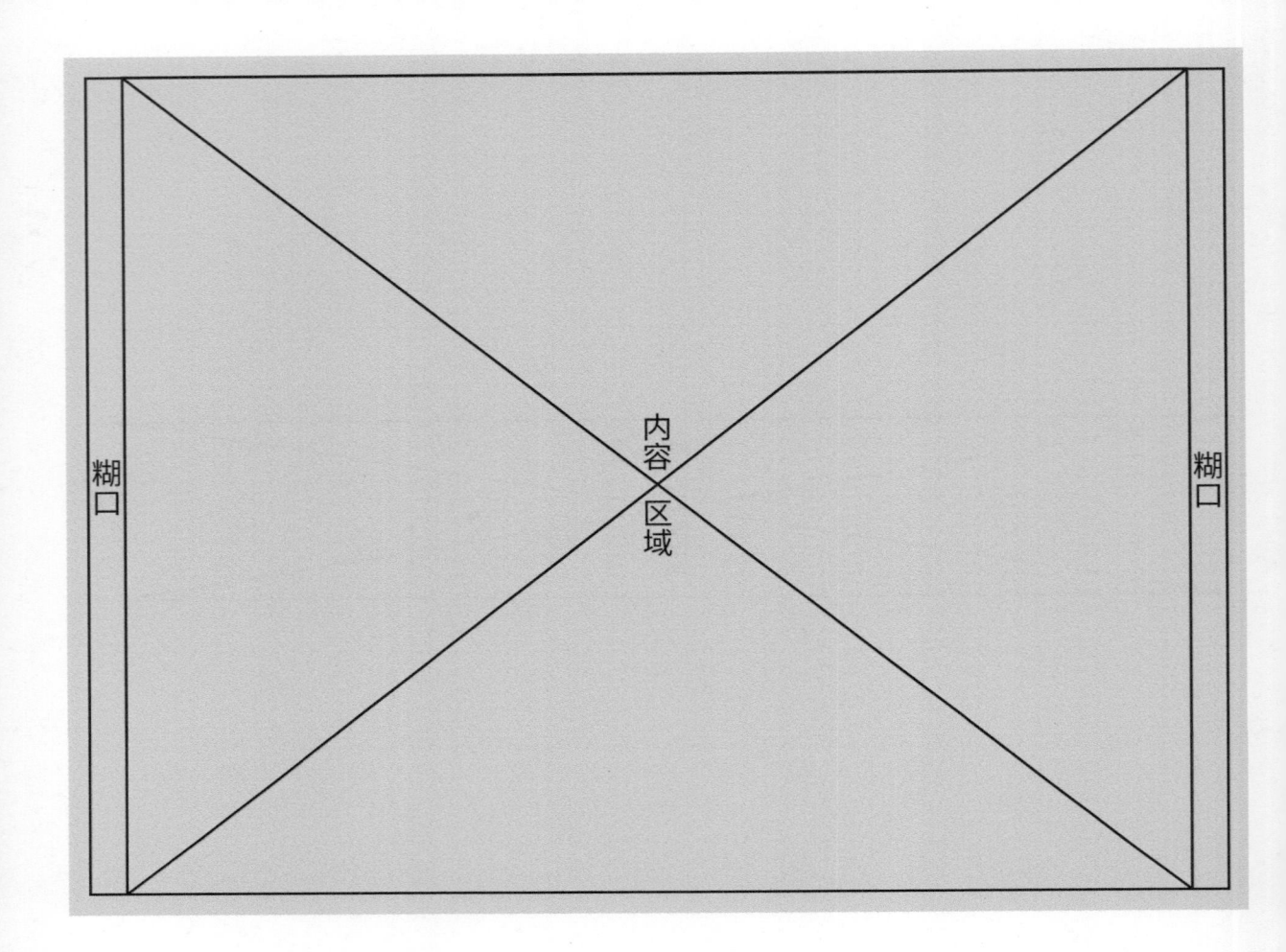

糊口

内容区域

糊口

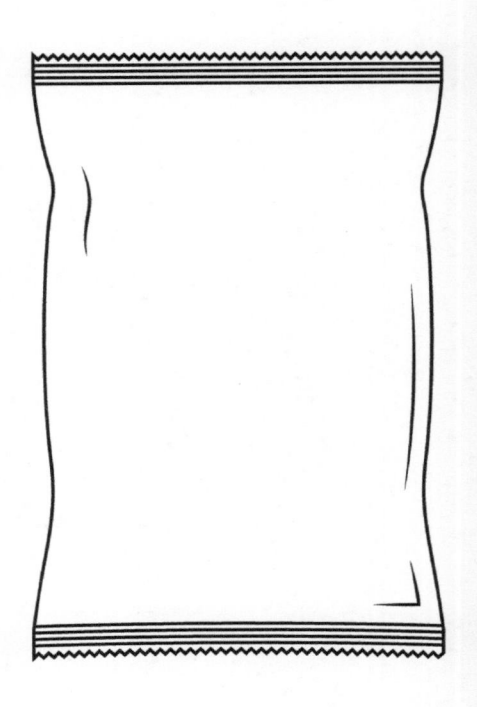

214　做包装：策略定位+视觉设计+印刷制作

糊口　　内容区域　　糊口

附录A　常见包装的刀版图整理

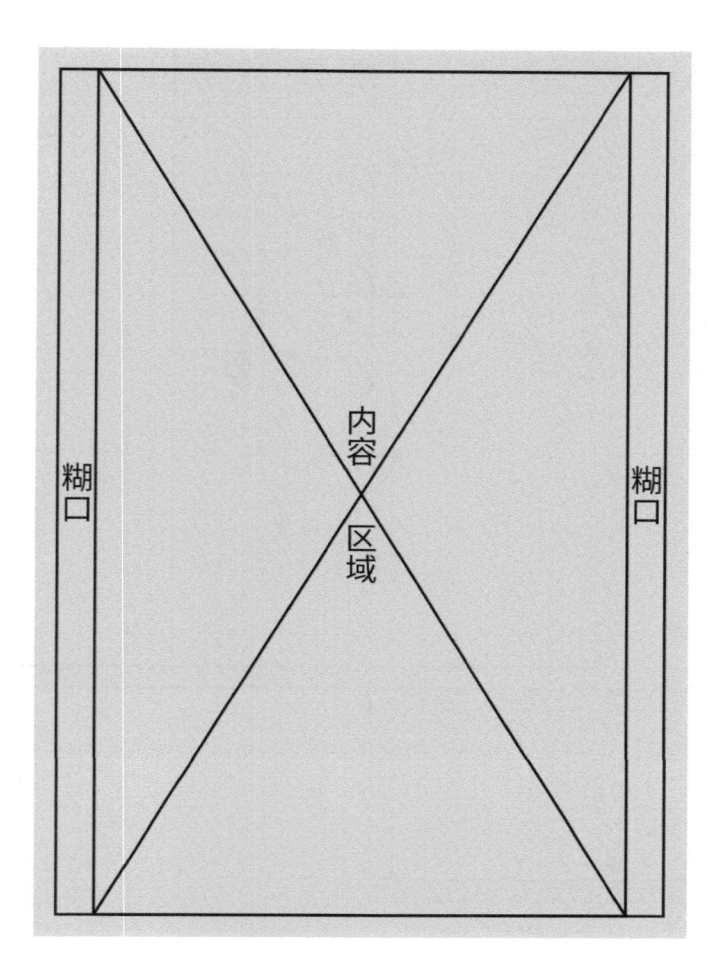

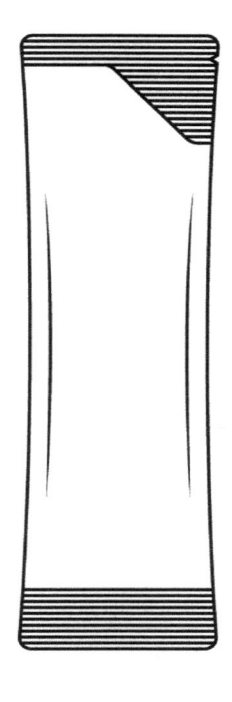

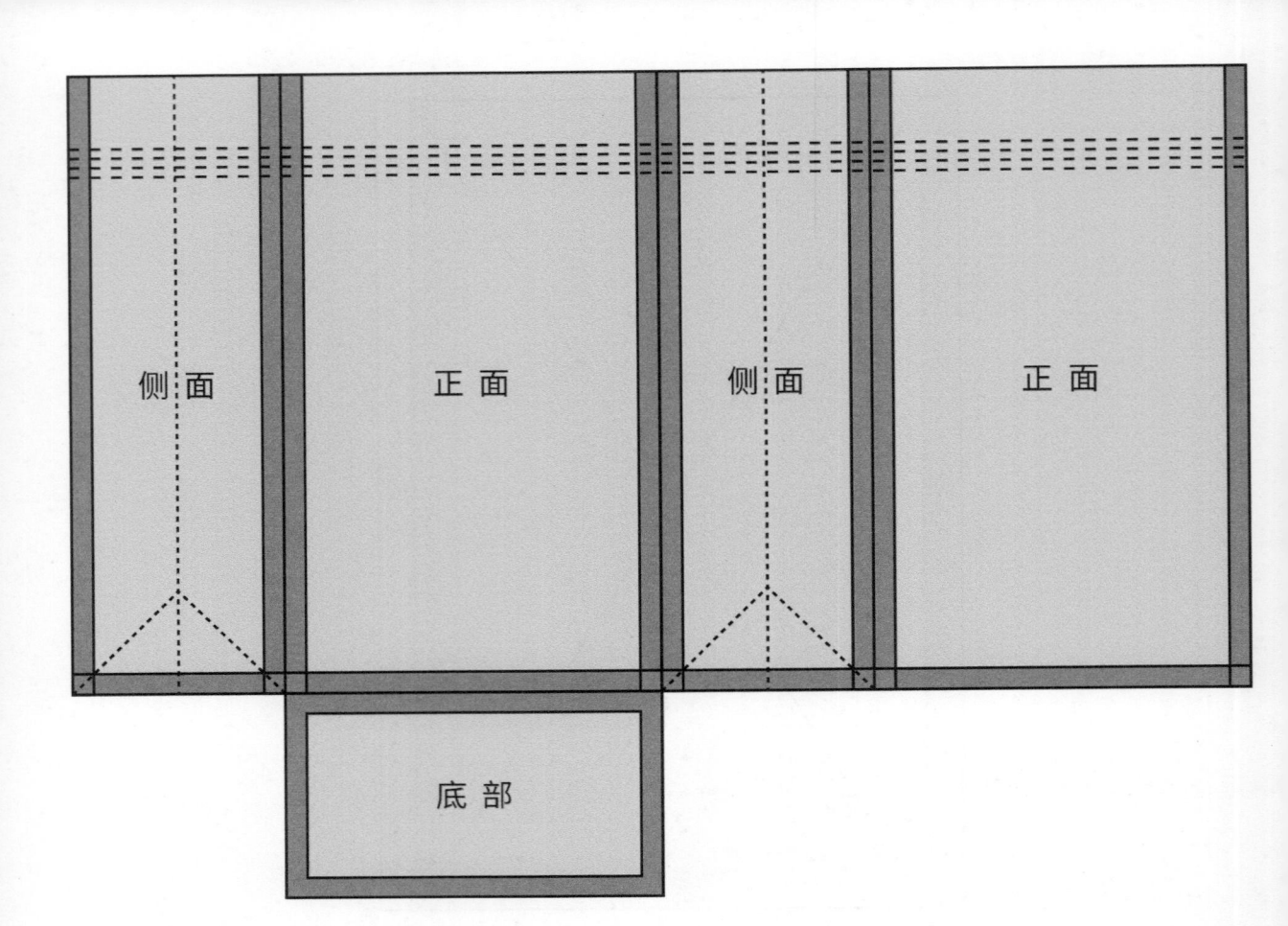

侧面　　正面　　侧面　　正面

底部

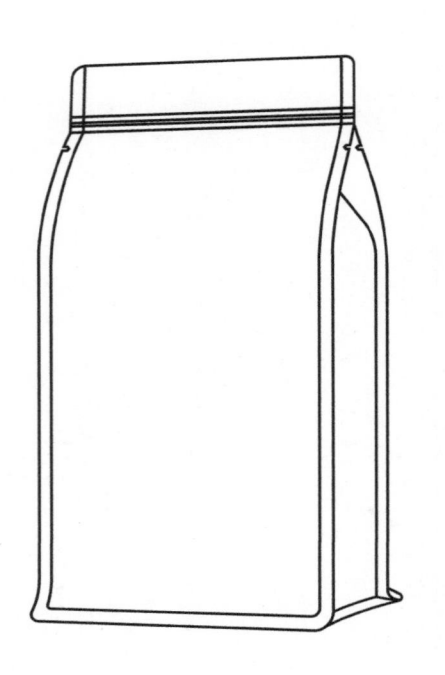

216　　做包装：策略定位+视觉设计+印刷制作

背面　　　　　　正面　　　　　　背面

附录A　常见包装的刀版图整理

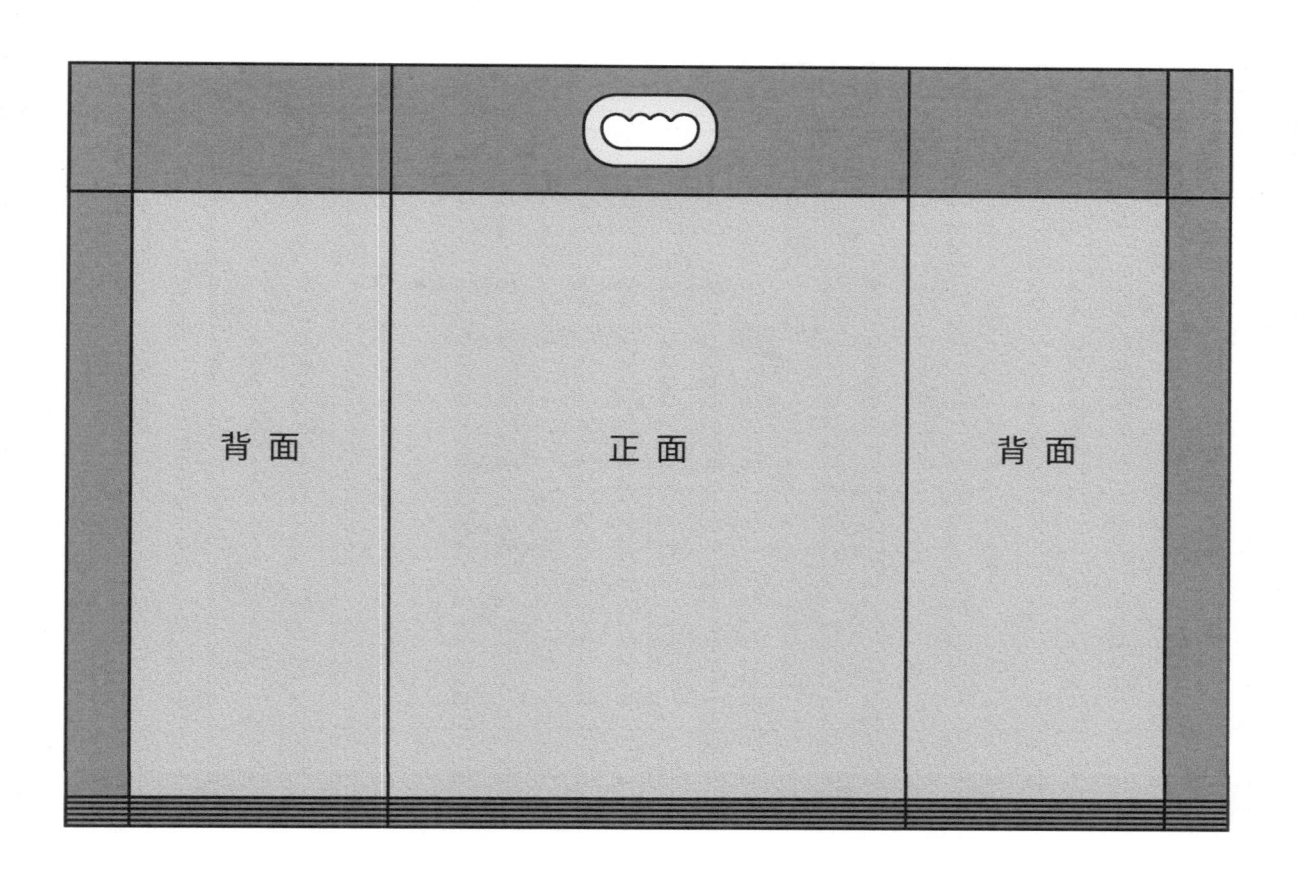

附录B 常见通用包装的尺寸

包装形式	规格	尺寸		
易拉罐	250mL	口径:52mm	直径:66mm	高度:92mm
	330mL	口径:52mm	直径:66mm	高度:115mm
	330mL纤体罐	口径:52mm	直径:57mm	高度:146mm
	500mL	口径:52mm	直径:66mm	高度:167mm
利乐枕	240mL	206mm X 160mm(展开尺寸,含糊口)		
利乐砖	250mL	62mm(长) X 40mm(宽) X 107mm(高)		
手提袋(竖版)	小号	270mm X 180mm X 80mm		
	中号	330mm X 250mm X 80mm		
	大号	390mm X 270mm X 80mm		

手提盒(西点)

小号	中号	大号
80mm X 115mm X 60mm	85mm X 130mm X 75mm	95mm X 175mm X 100mm

备注：每个印厂的尺寸都不相同，具体请咨询确认。

手提盒(礼品)

自提箱	平顶箱	屋顶箱
160mm X 330mm X 265mm	140mm X 270mm X 200mm	160mm X 270mm X 235mm

备注：手提盒(礼品)的形式与尺寸众多，这里只列举几个尺寸，具体请咨询确认。

瓦楞纸箱

尺寸标注(长X宽X高,单位是mm)

1号	2号	3号	4号	5号	6号
530X290X370	530X230X290	430X210X270	350X190X230	290X170X190	260X150X180
7号	8号	9号	10号	11号	12号
230X130X160	210X110X140	195X105X135	175X95X115	145X85X105	130X80X90